安徽省防雷安全管理实用手册

主编 包正擎

内 容 简 介

本手册是一本面向一线防雷安全管理和技术人员开展防雷安全相关工作的指导手册,包括防雷安全社会管理概述、优化防雷安全许可、强化防雷安全监管和完善防雷安全服务四个方面。主要内容为防雷安全管理发展现状、管理职责划分和防雷安全社会管理手段,除电力、通信以外的雷电防护装置检测单位资质认定和雷电防护装置设计审核、竣工验收的行政审批服务指南,面向防雷安全重点单位和防雷检测资质单位的部门联合"双随机、一公开"检查,防雷安全主管部门的履职督查,与防雷安全社会管理相关的气象行政检查、气象行政执法工作流程和检查文书、执法文书模板,防雷技术标准清单、防雷检测职业技能竞赛和各级气象主管机构履行社会管理职能所发布的防雷安全管理通告样式,以及防雷检测资质单位开展雷电防护装置检测的流程、原始记录和检测报告模板。

本手册既是部门内外、相关单位防雷安全管理和技术人员学习和指导工作的书籍,也是社会其他有志于参与防雷安全工作的单位和个人的学习、工作参考材料。

图书在版编目(CIP)数据

安徽省防雷安全管理实用手册/包正擎主编. —北京:气象出版社,2019.9

ISBN 978-7-5029-7046-8

Ⅰ.①安… Ⅱ.①包… Ⅲ.①防雷—安全管理—安徽—手册 Ⅳ.①P427.32-62

中国版本图书馆 CIP 数据核字(2019)第 191799 号

Anhuisheng Fanglei Anquan Guanli Shiyong Shouce

安徽省防雷安全管理实用手册

包正擎 主编

出版发行:气象出版社	
地　　址:北京市海淀区中关村南大街 46 号	邮政编码:100081
电　　话:010-68407112(总编室)　010-68408042(发行部)	
网　　址:http://www.qxcbs.com	E-mail:qxcbs@cma.gov.cn
责任编辑:林雨晨	终　　审:吴晓鹏
责任校对:王丽梅	责任技编:赵相宁
封面设计:博雅思企划	
印　　刷:北京中石油彩色印刷有限责任公司	
开　　本:787 mm×1092 mm　1/16	印　　张:12
字　　数:304 千字	
版　　次:2019 年 9 月第 1 版	印　　次:2019 年 9 月第 1 次印刷
定　　价:60.00 元	

本书如存在文字不清、漏印以及缺页、倒页、脱页等,请与本社发行部联系调换。

《安徽省防雷安全管理实用手册》
编写人员

主　编：包正擎

副主编：管国双　汪腊宝

成　员：黄向荣　陈　怀　臧　懿　邱明燕

　　　　吴晨星　李　丽　陈　鹏　王玉杰

　　　　张　钢　孙　浩　朱　浩　刘文海

　　　　刘继龙　王跃宁　张　锐　高　越

　　　　周国宏　黄远山　佘冰冰

序

　　气象社会管理作为我国社会管理格局中的重要组成部分，是落实国家治理体系、治理能力现代化的一个重要组成部分，对社会的进步与发展有着十分深远的影响。2000年《中华人民共和国气象法》的颁布实施，使气象主管机构履行社会管理职能有法可依，标志着气象社会管理步入法治轨道。安徽省先后制定出台《安徽省气象管理条例》《安徽省气象灾害防御条例》《安徽省防雷减灾管理办法》等一系列地方性法规和规章，为安徽省气象主管机构履行社会管理职能营造了良好的法治环境。全省各级气象主管机构切实履行气象行业管理、防雷等气象灾害防御等各项社会管理职能，不断加大公共气象服务有效供给，取得了明显的社会效益。通过持续推进"互联网＋政务服务"行动、深化"放管服"改革、加强事中事后监管等工作，气象社会管理在简政便民、服务社会、保障安全等方面的作用日益凸显。

　　在国务院优化建设工程防雷许可的基础上，安徽省人民政府办公厅印发《关于进一步加强防雷安全监管的通知》，明确了气象、住建等相关部门，按照"谁审批、谁负责、谁监管"的原则，履行本行业领域防雷安全管理职责，应急管理部门履行防雷安全综合监管职责，气象部门依法履行雷电灾害防御工作组织管理和防雷安全公共服务职责。安徽省气象部门按照国务院、中国气象局和省委省政府的统一部署，坚持政府主导，强化部门联动，依法尽职履责。通过持续深入推进防雷减灾体制改革，建立防雷安全重点单位清单、优化防雷检测资质单位认定许可、将防雷安全工作纳入政府年度综合绩效考核指标体系、建立市县政府防雷安全联席会议制度、开展部门联合"双随机、一公开"监管等一系列措施，防雷安全监管和相关公共服务保障取得显著成效。

　　防雷安全社会管理的发展，不仅需要审批、监管、服务的持续改进和流程优化，同时也需要一支熟练掌握法律法规要求、管理规定和实际操作技能的社会管理和技术支撑人才队伍。安徽省气象部门每年将防雷社会管理、气象行政执法、标准应用纳入年度培训计划，通过组织对社会开展防雷科普宣传、标准宣贯、业务技能竞赛、打造信息化监管平台等举措，推进对防雷行政管理相对人的监管和服务全覆盖，织牢织密防雷安全社会管理网络。

　　针对目前全省防雷安全社会管理各环节工作，安徽省气象局组织编写了《安徽省防雷安全管理实用手册》，以期满足广大防雷安全社会管理一线工作者和技术人员需求，以期为防雷安全重点单位和防雷装置检测资质单位提供更优质便捷的服务。这本手册除了介绍防雷安全管理发展现状和各部门职责分工外，主要的篇幅介绍了防雷相关行政审批工作、防雷安全监管和督查、防雷安全管理服务技术支撑等内容,特别是雷电防护装置检测报告编制,以及防雷安全监督检查和行政处罚的文书模板,对一线管理和技术人员具有较强的参考和指导价值。

希望这本手册能为防雷安全工作人员和技术人员更好地掌握防雷领域"放管服"改革要求,提高防雷安全的标准化、规范化水平起到积极作用。

安徽省气象局局长 于波

2019 年 7 月 9 日

前 言

在党中央、国务院持续深入推进"放管服"改革的大背景下,安徽省气象部门按照中国气象局和安徽省委省政府的部署,进一步规范防雷社会管理工作,创新防雷社会管理方式,不断发挥防雷减灾在保障国家公共安全和人民生命财产安全方面的重要作用。

2015年以来,安徽省气象部门以防雷减灾体制改革为契机,扎实开展"一网、一门、一次"改革,将省级"防雷设计审核竣工验收许可"下放由设区的市气象局属地化审批,审批更为便捷。做好省市县权责清单、政务服务清单编制工作,将"防雷装置检测单位资质认定""防雷装置设计审核和竣工验收"行政许可事项依法分别纳入不同层级气象部门权责清单,加强相关实施清单标准化建设,对审批权限、办理流程、申请材料等进行了全省统一,保证同一事项全省"无差异"办理。积极推进市场准入负面清单建设,将"防雷装置检测单位资质认定"事项纳入负面清单,加强管理。安徽省气象部门融入地方政府"一网"建设,所有审批事项全部纳入"安徽政务服务网"办理,省级气象窗口纳入"投资建设综合服务窗口",审批事项100%纳入"最多跑一次",扎实推进"简政便民",清理精简审批申请材料比例达50%以上。积极参加地方政府创优"四最"(努力把安徽省建设成为全国审批事项最少、办事效率最高、投资环境最优、市场主体和人民群众获得感最强的省份,营造稳定、公平、透明、可预期的营商环境。)营商环境,防雷装置检测单位资质纳入《安徽省工商登记后置审批事项目录》管理;"防雷装置设计审核和竣工验收"等纳入省政府投资项目在线审批平台监管,纳入住建、消防、人防等部门联合现场踏勘、联合现场验收项目目录。同时,积极融入部门联合"双随机、一公开"监管,建立防雷安全管理监管对象分类名录库和执法检查人员名录库,制定随机抽查事项清单,通过"安徽省事中事后综合监管平台"和"全国防雷减灾综合管理服务平台"两个系统开展对防雷安全重点单位和防雷装置检测资质单位的监管,各级气象部门均与当地应急管理部门将防雷安全纳入联合监管,部分地市将防雷安全隐患排查纳入政府重大安全隐患挂牌督办系统,逐步构建起随机抽查、专项检查、联合检查等多元化的执法检查体系。积极融入"信用安徽"体系建设,不断探索通过信用管理,建立起与各部门间的数据共享与协同监管机制。此外,还通过防雷安全科普宣传、组织防雷检测业务技能竞赛、开展防雷安全标准宣贯等手段,加强防雷安全公共服务工作。

为保证防雷社会管理和相关技术服务工作有效开展,安徽省气象局政策法规处会同省气象灾害防御技术中心和合肥市、滁州市气象局等单位编写此防雷安全管理实用手册,可作为气象部门内外、相关单位防雷安全管理和技术人员学习和指导工作的书籍,也可作为社会其他有志于参与防雷安全工作的单位和个人的学习、工作参考材料。

本手册共分为四章。第一章为防雷安全社会管理概述,简要介绍了防雷安全管理发展现状、管理职责划分和防雷安全社会管理手段。第二章为优化防雷安全许可,介绍了除电力、通信以外的雷电防护装置检测单位资质认定和雷电防护装置设计审核、竣工验收的行政审批服务指南。第三章为强化防雷安全监管,介绍了面向防雷安全重点单位和防雷检测资质单位的部门联合"双随机、一公开"检查,防雷安全主管部门的履职督查,与防雷安全社会管理相关的气象行政检查、气象行政执法工作流程和检查文书、执法文书模板。第四章为完善防雷安全服务，介绍了防雷技术标准清单、防雷检测职业技能竞赛和各级气象主管机构履行社会管理职能的所发布的防雷安全管理通告样式，以及防雷检测资质单位开展雷电防护装置检测的流程、原始记录和检测报告模板。

  这是一本面向一线防雷安全管理和技术人员开展防雷安全管理和技术服务工作的指导手册，因此，在编写内容上，力求做到紧贴实际操作，原理性、学术性的内容从简，给出了防雷安全行政审批、监督管理、公共服务的有关表格和文书模板，方便日常使用和操作。

  由于本手册内容面广、资料量大、编写时间紧促，加之编写组成员都是第一次参加这类手册编写，受其水平限制，有不少差错和遗漏，欢迎读者批评指正。

2019 年 7 月

目 录

序
前言

第一章 防雷安全管理概述 ……………………………………………………… 1
第一节 防雷安全管理发展现状 ……………………………………………… 1
第二节 防雷安全管理职责划分 ……………………………………………… 2
一、国务院优化建设工程防雷许可的决定 ……………………………………… 2
二、防雷安全重点单位监督管理职责 …………………………………………… 3
三、雷电防护装置检测资质单位监管职责 ……………………………………… 4
第三节 防雷安全管理手段 …………………………………………………… 4
一、气象部门防雷安全管理及支持单位 ………………………………………… 5
二、气象部门防雷安全管理相关软件系统 ……………………………………… 10

第二章 优化防雷安全许可 ……………………………………………………… 12
第一节 除电力、通信以外的雷电防护装置检测单位资质认定 …………… 12
第二节 雷电防护装置设计审核和竣工验收 ………………………………… 15
一、雷电防护装置设计审核服务指南 …………………………………………… 16
二、雷电防护装置竣工验收服务指南 …………………………………………… 19

第三章 强化防雷安全监管 ……………………………………………………… 24
第一节 防雷安全"双随机、一公开"监管 ………………………………… 24
一、防雷安全重点单位事中事后监管 …………………………………………… 24
二、雷电防护装置检测单位防雷安全事中事后监管 …………………………… 25
第二节 防雷安全监管督查 …………………………………………………… 27
第三节 防雷安全行政检查 …………………………………………………… 29
一、行政检查工作流程 …………………………………………………………… 29
二、行政检查文书 ………………………………………………………………… 32
第四节 防雷安全行政执法 …………………………………………………… 41
一、简易行政处罚工作流程 ……………………………………………………… 41
二、一般行政处罚工作流程 ……………………………………………………… 42
三、气象行政执法基本文书 ……………………………………………………… 48
四、气象行政执法审核权限 ……………………………………………………… 81
五、气象行政执法文书适用 ……………………………………………………… 82

第四章　完善防雷安全服务 ·· 84

　第一节　防雷安全技术标准 ·· 84
　　一、执行气象标准清单 ·· 84
　　二、执行其他标准清单 ·· 87
　第二节　防雷检测业务技能竞赛 ·· 88
　　一、综合知识竞赛 ·· 89
　　二、基本技能竞赛 ·· 91
　第三节　防雷安全管理通告 ·· 92
　　一、年度防雷安全工作通告 ·· 92
　　二、年度公益性雷电防护装置检测通告 ··· 93
　第四节　雷电防护装置检测 ·· 94
　　一、雷电防护装置检测报告编制流程 ·· 94
　　二、雷电防护装置检测报告构成 ·· 95
　　三、雷电防护装置检测报告编号规则 ·· 96
　　四、雷电防护装置检测原始记录 ·· 96
　　五、雷电防护装置检测报告（新改扩） ··· 96
　　六、雷电防护装置检测报告（定期） ·· 96

第一章 防雷安全管理概述

第一节 防雷安全管理发展现状

雷电是雷暴和闪电两种天气现象的总称，是雷雨云之间或云地之间产生的一种放电现象，会对地面建筑物、人或建筑物内的电气设备产生极大的危害。雷电不仅会造成建筑物或森林火灾，还会对电力、通信、油气、化工等多种行业造成破坏，甚至危及人的生命。因此，雷电危害被国际电工委员会（IEC）称为十大自然灾害之一。全球每年因雷击所造成的损失达10亿美元以上，人员伤亡5万多人。据不完全统计，我国每年因雷击造成人员伤亡3000多人，财产损失在50亿～100亿元人民币。

雷电的监测、预报和雷电灾害防御一直是气象部门常规业务技术工作和气象灾害防御的重要内容。2000年颁布的《中华人民共和国气象法》，将"加强对雷电灾害防御工作的组织管理"作为各级气象主管机构的职责，并要求"会同有关部门指导对可能遭受雷击的建筑物、构筑物和其他设施安装的雷电灾害防护装置的检测工作"。在2005年颁布实施的《防雷减灾管理办法》《防雷装置设计审核和竣工验收规定》《防雷工程专业资质管理办法》、2010年颁布的《气象灾害防御条例》、2016年颁布的《雷电防护装置检测资质管理办法》对雷电灾害防御的组织和管理工作明确了具体举措，与雷电灾害防御相关的行政审批、监督管理工作持续开展，气象部门针对雷电灾害的社会管理履职尽责，对提升全社会的雷电灾害防御工作规范化、标准化、制度化水平发挥了重要作用。社会公众的雷电灾害防御意识和水平、各类设施抵御雷电灾害的措施和能力得到增强，有效降低了雷电灾害引起的人民生命财产损失。

从2001年开始，按照国务院的统一部署，气象部门认真推进气象行政审批制度改革，共清理行政审批事项17项，其中取消1项，改变管理方式2项，保留14项，防雷等3项气象行政许可列入《国务院对确需保留的行政审批项目设定行政许可的决定》（国务院第412号令）。2016年，国务院优化建设工程防雷许可，将房屋建筑工程和市政基础设施工程防雷转由住房和城乡建设部门负责并管理；油库、气库、弹药库、化学品仓库、烟花爆竹、石化等易燃易爆建设工程和场所，雷电易发区内的矿区、旅游景点或者投入使用的建（构）筑物、设施等需要单独安装雷电防护装置的场所，以及雷电风险高且没有防雷标准规范、需要进行特殊论证的大型项目，仍由气象部门负责防雷装置设计审核和竣工验收许可；公路、水路、铁路、民航、水利、电力、核电、通信等专业建设工程防雷管理，转由各专业部门负责。防雷安全监管由早期的单个部门管理转为各相关部门按部门职责分别管理，防雷安全管理的职责进一步优化，监管力量进一步充实。

目前，气象部门保留的面向防雷安全社会管理的行政审批事项包括两大项，一是雷电防护装置设计审核和竣工验收，二是雷电防护装置检测单位资质认定。根据中国气象局的统一部署，雷电防护装置设计审核和竣工验收的行使层级为省市县三级气象主管部门，安徽省根据本省工作实际，雷电防护装置设计审核和竣工验收行政许可项目，由市县两级承担；除电力、通信以外的雷电防护装置检测单位资质认定的行使层级为省级气象主管部门。为提高许可事项标准化办理水平，全省编制了统一的政务服务实施清单，对审批权限、办理流程、申请材料等进行了规范，保证同一事项全省"无差异"办理，同时按照减材料要求清理精简审批申请材料比例达50%以上。

防雷安全监管相关部门在各级政府的统一领导下，利用防雷安全联席会议平台，加强防雷安全联合监管。各级气象部门每年通过公告的方式部署年度防雷安全工作，明确各有关监管部门、雷电防护装置业主单位、防雷检测资质单位的职责，加强雷电灾害防御的组织管理。各地气象部门与应急、住建、消防等部门联合开展防雷安全检查，定期组织开展对防雷安全重点单位的防雷安全检测工作检查。气象部门防雷安全重点单位全部纳入省事中事后监管平台，为部门联合"双随机、一公开"监管奠定基础。2018年，按照中国气象局的统一部署，气象部门对防雷检测资质单位进行专项督查，对发现的问题下发整改通知并督办，提高全省防雷检测资质单位的规范化水平。同时，"防雷装置设计审核和竣工验收"纳入省政府投资项目在线审批平台监管，纳入工程建设项目审批制度改革的统一流程，联合现场踏勘、联合现场验收。

各级气象主管机构积极拓展防雷安全社会管理服务，利用气象日、减灾日、科普活动周等多种形式，将雷电灾害防御知识的宣传普及纳入其中。同时，省气象局向相关部门和企业发布了雷电灾害防御有关技术标准清单。2018年，省气象局组织对雷电防护装置检测资质单位业务技术人员相关技术、管理标准培训，60余人参训，为气象标准的贯彻实施起到积极的推进作用。2019年，省气象局、省总工会、省人社厅联合举办防雷检测业务技能竞赛，组织全省获得防雷检测资质的70余家企业组队参加竞赛，并对获得个人全能第一名的选手推荐申报省五一劳动奖章，以赛促学、以赛促用，提升全社会的雷电灾害防御水平。

随着计算机技术发展应用，全省各级气象主管机构加强全国防雷减灾综合管理服务平台、安徽省政务服务平台、政务服务事项管理平台、安徽省政务信息共享网站、信用安徽、省事中事后监管平台、投资项目在线审批监管平台、"互联网＋监管"目录清单管理系统等信息系统的学习和业务应用，防雷社会管理的智能化水平不断提升。

第二节　防雷安全管理职责划分

国务院"优化建设工程防雷许可的决定"，明确了住建、气象、公路、水路、铁路、民航、水利、电力、核能、通信等相关部门在防雷安全管理中的职责分工。随后，中国气象局、住房和城乡建设部、中央编办、工业和信息化部、环境保护部、交通运输部、水利部、国务院法制办、国家能源局、国家铁路局和中国民航局等11部委联合发文部署落实国务院优化建设工程防雷许可的决定。中国气象局"防雷安全重点单位监督管理职责划分规定"确定了国务院气象主管机构、省市县气象主管机构的防雷安全社会管理职责划分。

一、国务院优化建设工程防雷许可的决定

国务院优化建设工程防雷许可的决定，从整合部分建设工程防雷许可、清理规范防雷单位资质许可和强化建设工程防雷安全监管三个方面对防雷安全"放管服"工作进行部署和规范。

（一）整合部分建设工程防雷许可

将气象部门承担的房屋建筑工程和市政基础设施工程防雷装置设计审核、竣工验收许可，整合纳入建筑工程施工图审查、竣工验收备案，统一由住房和城乡建设部门监管，切实优化流程、缩短时限、提高效率。

油库、气库、弹药库、化学品仓库、烟花爆竹、石化等易燃易爆建设工程和场所，雷电易发区

内的矿区、旅游景点或者投入使用的建（构）筑物、设施等需要单独安装雷电防护装置的场所，以及雷电风险高且没有防雷标准规范、需要进行特殊论证的大型项目，仍由气象部门负责防雷装置设计审核和竣工验收许可。

公路、水路、铁路、民航、水利、电力、核电、通信等专业建设工程防雷管理，由各专业部门负责。

（二）清理规范防雷单位资质许可

取消气象部门对防雷专业工程设计、施工单位资质许可；新建、改建、扩建建设工程防雷的设计、施工，可由取得相应建设、公路、水路、铁路、民航、水利、电力、核电、通信等专业工程设计、施工资质的单位承担。同时，规范防雷检测行为，降低防雷装置检测单位准入门槛，全面开放防雷装置检测市场，允许企事业单位申请防雷检测资质，鼓励社会组织和个人参与防雷技术服务，促进防雷减灾服务市场健康发展。

（三）进一步强化建设工程防雷安全监管

气象部门加强对雷电灾害防御工作的组织管理，做好雷电监测、预报预警、雷电灾害调查鉴定和防雷科普宣传，划分雷电易发区域及其防范等级并及时向社会公布。

各相关部门按照谁审批、谁负责、谁监管的原则，切实履行建设工程防雷监管职责，采取有效措施，明确和落实建设工程设计、施工、监理、检测单位以及业主单位等在防雷工程质量安全方面的主体责任。同时，地方各级政府继续依法履行防雷监管职责，落实雷电灾害防御责任。

中国气象局、住房和城乡建设部会同相关部门建立建设工程防雷管理工作机制，加强指导协调和相互配合，完善标准规范，研究解决防雷管理中的重大问题，优化审批流程，规范中介服务行为。

二、防雷安全重点单位监督管理职责

进一步明确气象部门防雷安全重点单位类别，明晰国务院气象主管机构和省市县气象主管机构在防雷安全社会管理中的职责划分。

（一）气象部门防雷安全重点单位

(1) 油库、气库、弹药库、化学品仓库和烟花爆竹、石化等易燃易爆建设工程和场所；

(2) 雷电易发区内的矿区、旅游景点或者投入使用的建（构）筑物、设施等需要单独安装雷电防护装置的场所；

(3) 雷电风险高且没有防雷标准规范、需要进行特殊论证的大型项目。

（二）国务院气象主管机构职责

(1) 负责对全国防雷安全重点单位监督管理进行指导和监督；

(2) 负责组织建设全国防雷减灾综合管理服务平台，推动"互联网＋监管"；

(3) 负责督促地方各级气象主管机构实现对防雷安全重点单位的实时动态监管。

（三）省、市、县级气象主管机构职责

(1) 结合本地实际组织制定和公布具体的防雷安全重点单位目录清单，并做好动态更新；

(2) 严格规范防雷安全重点单位的新建、改建、扩建雷电防护装置设计审核和竣工验收。雷电防护装置设计未经审核或者设计审核不合格的，不得交付施工；雷电防护装置未经竣工验收或者竣工验收不合格的，不得投入使用；

(3) 负责对本行政区域内的防雷安全重点单位进行监督管理，应当依托全国防雷减灾综合管理服务平台，运用信息化手段提高防雷安全监管效能；

(4)建立防雷安全重点单位信息库,内容包括单位名称、地址、责任人等。信息库内容应当根据防雷安全重点单位反馈信息及时更新;

(5)对防雷安全重点单位开展专项检查或者抽查,并对检查结果予以通报,建立雷电灾害隐患排查和风险治理机制,及时发现和消除雷电灾害安全隐患;

(6)推动当地政府将防雷安全工作纳入安全生产责任制和地方政府考核评价指标体系;

(7)采取有效措施,明确和落实防雷安全重点单位建设工程设计、施工、监理、检测单位以及业主单位等在防雷工程质量安全方面的主体责任,加大对违法违规单位的处罚力度;

(8)强化防雷减灾业务科技支撑,优化和升级雷电监测站网,建立完善的雷电实时监测和短临预警业务系统,提高雷电灾害性天气的预报准确率,利用各种业务平台实现与防雷安全重点单位之间雷电预警信息、雷电灾害信息等内容的互联互通;

(9)强化雷电监测技术、雷电致灾机理、雷电灾害调查鉴定和防护技术等雷电业务研究,注重科技成果的转化和推广应用,提升防雷减灾的科技支撑能力;

(10)充分动员社会力量,广泛开展防雷减灾科普知识的宣传。利用各类媒体、咨询热线、展览展示和现场解答等多种手段,向防雷安全重点单位提供防雷减灾安全政策法规、标准规范、安全知识、安全技能等方面的咨询与服务;

(11)加强与应急管理、市场监管等部门的沟通协调和工作联动,积极推进联合监管;

(12)加强协调配合,通过构建防雷安全重点单位监督管理工作体系,强化履职意识,推进职责落实,全力组织做好防雷安全监管工作。

三、雷电防护装置检测资质单位监管职责

(一)国务院气象主管机构职责

(1)负责全国防雷装置检测资质的监督管理工作;

(2)建立全国防雷装置检测单位信用信息、资质等级情况公示制度。

(二)省级气象主管机构职责

(1)对年度报告内容进行抽查,将抽查结果记入信用档案并公示;

(2)组织或委托第三方专业技术机构对防雷装置检测单位的检测质量进行考核;

(3)建立信用管理制度,将防雷装置检测活动和监督管理等信息纳入信用档案,并作为资质延续、升级的依据;

(4)对防雷装置检测单位的监督管理、信用信息等情况及时予以公布。

(三)市县气象主管机构职责

对本行政区域内的防雷装置检测活动进行监督检查。

第三节 防雷安全管理手段

省市县三级气象主管机构按照行政审批层级划分和各级政府"互联网+政务服务"工作的部署,将本单位承担的防雷安全社会管理相关的行政许可事项纳入当地政府政务服务大厅集中办理,省市级气象主管机构设立负责行政审批的管理机构,设立气象灾害防御技术支持中心负责防雷安全社会管理的技术支撑和受本级气象行政主管机构的委托行使行政审批和监督管理职责。防雷安全社会管理工作通过中国气象局和省市政府开发的软件平台实现管理信息化。

一、气象部门防雷安全管理及支持单位

安徽省气象部门防雷安全管理包括省市县三级,共82个主体(表1-1)。

表1-1 安徽省防雷安全管理部门及联系方式

序号	单位	管理部门电话	技术支撑部门电话	审批咨询电话	审批监督电话	审批窗口地址
1	安徽省气象局	0551-62290082-84	62290136	62999811	62290071,81	合肥市马鞍山路509号安徽省政务服务中心一楼1号大厅(可乘41路、51路、99路、111路、133路、135路、137路、138路、145路、146路、163路、705路、902路、T13路等车,在合家福购物广场、鱼花池(省人才市场)站点上/下车,地铁一号线朱岗站D出口上下车)
2	合肥市气象局	0551-65685016	65685192	63537379	65685016	合肥市政务服务管理局一楼气象局窗口(东流路100号)
3	巢湖市气象局	82858001	82312837	82626712	82320371	合肥市巢湖市政务服务管理局三楼11号气象局窗口(安成路与东塘路交口)
4	长丰县气象局	66686002	66689171	62733033	66686002	合肥市长丰县人民政府政务服务中心南部分中心二楼气象局窗口
5	肥西县气象局	68898601	68841502	68829502	68898602	合肥市肥西县政务服务中心气象窗口(巢湖路与新华街交汇处)
6	肥东县气象局	67711986	67711968	67711773	67711778	合肥市肥东县政务服务中心三楼(沿河西路)
7	庐江县气象局	87377158	87399986	87336121	87377158	合肥市庐江县行政服务中心大厅二楼气象审批窗口(黄山路与塔山路交叉口北100米)
8	淮北市气象局	0561-3951828	3952637	3117500	3115098	淮北市人民路206号政务服务大厅二楼D区D18号(可乘公交车8路、10路、118路到中泰广场西站下,向东约240米;或乘12路、16路到中泰广场南下,向北约210米;或乘21路、105路、117路到市政府站下,向西约560米)
9	濉溪县气象局	6077121	3952637	6875396	6888781	淮北市濉溪县淮海路194号政务服务中心二楼综合窗口(可乘8路、22路、106路,在县交警大队下车,向南约100米)
10	亳州市气象局	0558-5522667	5522667	5522667	5510502	备注:亳州市气象局行政审批全部通过安徽省政务服务网网上办理,无审批窗口。按照"只进一扇门"的要求,亳州市政府对无审批窗口的单位设立了综合服务窗口,负责业务咨询等工作,窗口地址是:亳州市希夷大道455号市政府服务中心一楼11—15号综合服务窗口(可乘226路、221路等车)
11	涡阳县气象局	7252572	7252572	7252572	7252571	目前无审批窗口。审批地址:涡阳县乐行路与天静宫路交叉口东南侧气象局二楼气象服务中心

续表

序号	单位	管理部门电话	技术支撑部门电话	审批咨询电话	审批监督电话	审批窗口地址
12	蒙城县气象局	7623074	7632009	7623074	7632006	目前无审批窗口。审批地址:蒙城县五里高大桥西S305线南侧(气象局)办公室,政务服务中心综合服务窗口(正在设立中)
13	利辛县气象局	8852551	8856117	8855121	8866202	目前无审批窗口。审批地址:利辛县气象局(利辛县泗河路与阜蒙路交口西南角)
14	宿州市气象局	0557-2331032	2331059	3045889	2331032	宿州市埇桥区磐云路468号市政务服务中心三楼综合窗口(可乘9路、12路公交车到园林处站下车)
15	埇桥区气象局	2331027	2331059	2331027	2331059	宿州市埇桥区数据资源管理局二楼A1区气象局窗口(可乘10路,17路公交车到义务商贸城下车)
16	砀山县气象局	8880777	8880777	8885006	8880777	宿州市砀山县汽博城28栋1楼综合窗口(可乘1路、2路内环公交车到汽博城站下车)
17	灵璧县气象局	6022300	6036589	2379063	6022300	宿州市灵璧县数据资源管理局二楼101号气象局窗口(虞姬大道与汴河路交汇处)
18	泗县气象局	7022416	18949978057	7028003	7022416	宿州市泗县经济开发区朝阳路104号泗县政务服务中心二楼大厅63号住建委(气象)窗口(乘坐4路公交车到政务服务中心站下车)
19	萧县气象局	5091020	5091143	5033803	5091143	宿州市萧县龙城镇龙霄公园西侧北萧县政务服务中心二楼综合窗口
20	蚌埠市气象局	0552-3132202	3132280	3132202	3132201	蚌埠市高新区燕山路1599号蚌埠市人民政府政务服务中心综合窗口
21	怀远县气象局	8011650	8011425	8011425	8012278	怀远县圣泉路311号怀远县人民政府政务服务中心综合窗口
22	固镇县气象局	6055542	6020121	6020121	6055542	固镇县汉兴大道投资大厦东辅楼固镇县人民政府政务服务中心综合窗口
23	五河县气象局	5062277	5060908	5060908	5060277	五河县城南工业区兴浍路11号五河县人民政府政务服务中心综合窗口
24	阜阳市气象局	0558-2577106	2266550	2198058	2577103	阜阳市颍州区三清路666号阜阳市民中心2楼6-2厅29号窗口(可乘9路、31路、51路、56路等车,在市民中心站点上/下车)
25	颍上县气象局	4452753	4450052	4450052	4452753	颍上县政务西路政务服务中心二楼气象窗口
26	阜南县气象局	6712849	6712849	6712849	6712849	阜南县鹿城镇双碑社区阜南县气象局2楼
27	临泉县气象局	6512870	6512870	6512870	6512870	临泉县建设北路好迪市场D栋二楼政务服务中心气象局窗口(可乘3路、4路、8路到政务服务中心站下,向北行约100米即到)

续表

序号	单位	管理部门电话	技术支撑部门电话	审批咨询电话	审批监督电话	审批窗口地址
28	界首市气象局	0558-4853616	4853869	4853869	4851660	界首市颍河路和裕民南路交叉口气象局1楼(可乘2路车,在植物园南路口站点上/下车)
29	太和县气象局	0558-8696121	8631351	8631351	8622602	太和县政务服务大厅综合窗口(可乘1路、8路、12路、101路等车,在县政务中心站上/下车)
30	淮南市气象局	0554-2699371	2682380	6689096	2699371,2671864	安徽省淮南市山南和风大街88号政务服务中心二楼132、133、134号综合窗口(乘坐16路、37路、628路公交车至政务服务中心西门站上下车,向北走500米)
31	寿县气象局	3125355	2682380	4108041	3125355	寿县新城区宾阳大道中段寿县政务服务中心二楼气象局窗口(可乘9路、11路、12路政务中心站下车)
32	凤台县气象局	8683545	2682380	8686121	8684121	安徽省淮南市凤台县濉溪路与胶州路交叉口西北150米凤台县政务服务中心二楼综合窗口(可乘1路公交车到县政府站点上/下车)
33	滁州市气象局	0550-3081134	3083151	2180358	3083162	安徽省滁州市南谯区龙蟠大道99号政务服务中心三楼市气象局窗口B09(可乘K1路、5路、101路、105路、6路、25路至政务服务中心下车)
34	天长市气象局	7304039	7027121	7043395	7304039	天长市广陵中路43号政务服务管理局二楼气象局窗口8210(乘3路、6路、8路至政务服务中心下)
35	凤阳县气象局	6721723	6711441	6711441	6721723	安徽省滁州市凤阳县中都大道西50米政务服务中心综合窗口(可乘1路、4路、7路、101路至政务服务中心下车)
36	定远县气象局	4038991	4038992	4038992	4038991	安徽省定远县永康路618号县政务服务中心二楼气象局窗口(可乘1路、16路)
37	明光市气象局	8022348	8106009	7130121	8106011	安徽省明光市明光大道与明中路交叉口东南处政务服务中心一楼气象窗口(可乘3路公交车至政务服务中心下车)
38	来安县气象局	5620216	5634606	15324469111	5614263	安徽省滁州市来安县蝴蝶公园南县政务服务管理局三楼县气象局窗口C15(可乘3路至蝴蝶公园西下车,乘4路至政务新区西下车)
39	全椒县气象局	5012526	18755012013	13956292732	13855088402	安徽省全椒县襄河镇儒林路政务中心4号楼3楼气象窗口,可乘1路11车到政务中心下
40	六安市气象局	0564-3219913	3378281	3378116	3219973	六安市梅山南路与佛子岭路交叉口六安市政务服务中心二楼投资建设项目服务区

续表

序号	单位	管理部门电话	技术支撑部门电话	审批咨询电话	审批监督电话	审批窗口地址
41	霍邱县气象局	6019920	6024087	6021002	6201012	霍邱县卧阳路与蓼城路交叉口政务服务中心三楼11号综合窗口
42	金寨县气象局	7350127	7350121	7062151	7350127	六安市金寨县梅山镇金叶路金寨县气象局4层403室
43	霍山县气象局	5029897	5022115	5020356	5029897	六安市霍山县淠河东路政务服务中心一楼综合窗口
44	舒城县气象局	8621223	5029897	8678264	8621223	六安市舒城县春秋路和梅河路交叉口大转盘政务大楼二层气象窗口
45	马鞍山市气象局	0555-2756855	2457909	2333067、2756855	2454971、2454651	安徽省马鞍山市雨山区印山东路2009号市政务服务中心(汇通大厦)3楼C3综合窗口可乘19、116路、28路、106路、116路、郑蒲港市区专线公交车在市政务服务中心(19、116路)、市老干部活动中心(28路)、二十二中(106、116路、郑蒲港市区专线)站点上下车
46	含山县气象局	4331696	4331683	4331696	4333780	含山县环峰镇城北行政村含山县气象局一楼窗口
47	和县气象局	5314515	5308121	5308121	5314121	和县历阳镇文昌北路59号,和县气象局
48	当涂县气象局	6740217	6740218	6755610	6740219	当涂县姑孰镇梅塘路215号当涂县气象局
49	芜湖市气象局	0553-3995517	3995533	2963078	3995592	芜湖市鸠江区瑞祥路88号皖江财富广场C1座市民服务中心六楼气象窗口
50	无为县气象局	6959010	6959015	6335653	6959010	无为县金塔路284号政务服务中心综合窗口
51	芜湖县气象局	8816473	8811235	8811235	8816473	芜湖县湾沚镇荆山河路1号芜湖县人民政府政务服务中心综合窗口
52	繁昌县气象局	7915721	7911175	7913935	7915721	繁昌县政务服务中心综合窗口二
53	南陵县气象局	6820260	6823669	6823669/6830148	6821260/6834421	芜湖市南陵县籍山西路25号市民服务中心二楼综合窗口
54	宣城市气象局	0563-2531009	2531008	2719130	2531007	宣城市梅园路52号一楼市政务服务中心10号综合窗口(市区8路、15路、19路公交车政务中心站)
55	郎溪县气象局	7016323	7012121	7021362	7026323	郎溪县中港东路与亭子山路交叉口碧水豪庭1号楼郎溪县政务服务中心综合窗口
56	广德县气象局	6044121	6057186	6057186	6044121	广德县桃州镇天官山路2号政务服务中心2楼综合窗口(可乘4路在政务中心北下车)

续表

序号	单位	管理部门电话	技术支撑部门电话	审批咨询电话	审批监督电话	审批窗口地址
57	宁国市气象局	4132532	4130771	4022023	4038762	宁国市宁城北路06号一楼综合窗口
58	泾县气象局	5029801	5022182	5022142	5021996	泾县桃花潭东路政务服务中心一楼综合窗口
59	旌德县气象局	8604771	8022151	8022151	8027785	旌德县旌阳镇西门老路36-5号气象局综合业务办公室(县应急局隔壁)
60	绩溪县气象局	8155871	8155873	8155872	8155871	绩溪县锦屏路12号绩溪县束局资源管理局一楼综合窗口
61	铜陵市气象局	0562-8814523	8851661	5858039	8827857	铜陵市湖东路666号市政务服务中心2楼215气象局窗口
62	枞阳县气象局	3211366	3251303	3256525	3251303	枞阳县枞阳镇浮山路2号枞阳县行政服务中心二楼111号气象窗口
63	池州市气象局	0566-2022670	2044941	2318257	2022670	池州市市级政务服务大厅社会事务综合(二)窗口(池州市贵池区清风西路中央广场1号楼129号)
64	东至县气象局	5292202	5292209	5292209	5292202	池州市东至县至德大道市民文化中心西侧东至政务中心二楼住建局窗口;池州市东至县香隅镇,安徽省东至经济开发区综合办公大楼103室,党群服务中心气象窗口
65	石台县气象局	6028989	6022552	6027780	6028448	石台县金钱山北路政务服务中心工程建设项目审批窗口
66	青阳县气象局	5110434	5110722	5110434	5110401	安徽省池州市青阳县木镇路与048乡道交叉口东南100米(蓉城镇政府北侧,县开发区原瑞爱特科技产业园)
67	安庆市气象局	0556-5881816	5881838	5312837	5881816	安庆市政务服务中心二楼气象窗口
68	宿松县气象局	7819792	7821759	7777416	7819790	宿松县东北新城太白路与龙井路交口宿松县人民政府行政服务中心1楼综合窗口
69	望江县气象局	7171743	5791092	5791092	7183753	望江县回龙东路政务新区f区政务服务中心大厅综合窗口(县内3路,8路公交政务新区站下)
70	太湖县气象局	4181203	4166121	4166121	4181203	太湖县开发区观音路1号政服务中心1楼综合窗口
71	怀宁县气象局	4633416	4633258	4633258	4633278	怀宁县高河镇永宁大道与怀安河路交汇口怀宁县政务中心大楼一楼大厅66号窗口(可乘坐9号公交车)上下站。
72	潜山市气象局	8936521	8929482	8929482	8921331	潜山市潜阳路098号市政务服务中心一楼气象窗口

续表

序号	单位	管理部门电话	技术支撑部门电话	审批咨询电话	审批监督电话	审批窗口地址
73	岳西县气象局	2172532	2186233	2186233	2172532	岳西县天堂镇天堂西路与105国道交叉口西北侧山货大市场创业楼行政服务中心三楼综合服务窗口
74	桐城市气象局	6121607	6121646	6966010	6131207	桐城市文昌大道政务服务中心二楼B区8号窗口
75	黄山市气象局	0559-2578179	2578138	2330650	2578179	黄山市屯溪区滨江东路8号政务服务中心二楼F3窗口(可乘1路、5路、11路、15路老年大学、政务中心站下车)
76	黄山区气象局	8532270	5298112	8580035	8532270	黄山市黄山区甘棠镇翡翠西路大转盘处区政府政务服务中心(暂无公交车)
77	歙县气象局	6535370	6535952	6530904	6535370	歙县徽城镇新安江大道009号政务服务中心二楼气象窗口(可乘4路公交到政务中心站下车)
78	休宁县气象局	7517645	7516870	7512925	7516870	黄山市休宁县海阳镇书院路9号县政务服务中心综合窗口(可乘1路、105路到政务中心站下车)
79	黟县气象局	5552663	2266690	5522055	5522037	黄山市黟县碧阳镇渔亭路106号政务中心二楼3号大厅综合受理窗口(暂无公交车)
80	祁门县气象局	4518784	4518784	4518784	4518716	祁门县新城区新兴西路和祁红大道交叉路口祁门县数据资源管理局二楼服务大厅(1路、2路政务中心站下车,3路鲲鹏岭秀城站下车,往前150米)
81	黄山风景区管委会	0559-5586561	5586561			
82	九华山风景区管委会	0566-2832775	2833505	2833513	2832775	九华山风景区柯村新区九华山政务服务中心

二、气象部门防雷安全管理相关软件系统

目前,全省气象部门统一使用的涉及防雷安全社会管理的软件系统有10个(表1-2)。部分市局根据地方政府的要求,还使用其他软件系统。

表1-2 防雷安全管理软件系统清单

序号	软件名称	地址
1	防雷减灾综合管理服务平台	http://10.1.65.174:18080/qgfl/vision/index.jsp
2	中国气象局行政审批平台	http://qxxzsp.cma.cn/spring/xzsp/userLogin/login?typeId=42004&cType=1
3	审批办结登记平台	内嵌在安徽省气象局管理信息系统(内网)
4	政务服务事项管理平台	http://59.203.5.92/zwfwsxgl/frameset.do

续表

序号	软件名称	地址
5	政务服务平台(各级)	http://www.ahzwfw.gov.cn
6	安徽省政务信息共享网站	http://59.203.5.52/grs-sp-web/sectorResource/list.do
7	信用安徽、信用中国(安徽)	http://credit.ah.gov.cn/ http://credit.ah.gov.cn/DoublePublicity/
8	安徽省事中事后监管平台	http://59.203.19.146:8088/portal/r/w
9	投资项目在线审批监管平台	http://www.tzxm.gov.cn/ http://59.203.5.50:8081/tzxmspall
10	"互联网+监管"目录清单管理系统	http://59.255.22.71/#/home

第二章 优化防雷安全许可

经过国务院和省政府对防雷安全社会管理行政审批事项的优化调整，省市县承担的相关审批事项为"除电力、通信以外的雷电防护装置检测资质认定"和"雷电防护装置设计审核和竣工验收"两大项。其中雷电防护装置检测资质认定为省级气象主管机构行使的行政审批事项；雷电防护装置设计审核和竣工验收为市县两级气象主管机构行使的行政审批事项。

第一节 除电力、通信以外的雷电防护装置检测单位资质认定

"除电力、通信以外的雷电防护装置检测单位资质认定"事项纳入省数据资源局政务服务大厅综合窗口，由省气象局负责。省气象局从事项类型、办件类型、设定依据、受理条件、申请材料、审批数量、法定时限、承诺时限、收费依据及标准、结果名称、结果送达、年检要求、服务对象、办理形式、结果时效、咨询电话、投诉电话、办公地址和时间等方面编制了该事项的审批服务指南并公布。

（一）事项名称

雷电防护装置检测单位资质认定。

（二）事项类型

行政审批。

（三）办件类型

承诺件。

（四）设定依据

(1)《国务院对确需保留的行政审批项目设定行政许可的决定》（国务院令第 412 号）第 377 项；

(2)《气象灾害防御条例》（国务院令第 570 号）第二十四条；

(3)《中国气象局关于修改〈防雷减灾管理办法〉的决定》（中国气象局令第 24 号）第二十条；

(4)《雷电防护装置检测资质管理办法》（中国气象局令第 31 号）第三条。

（五）实施机构

安徽省气象局。

（六）受理条件

1. 申请人条件

(1)有法人资格；

(2)有固定的办公场所和必要的设备、设施；

(3)有相应的专业技术人员；

(4)有完备的技术和质量管理制度；

(5)国务院气象主管机构规定的其他条件。

2. 同时具备或符合如下条件的,应当受理:
(1)申请事项属于本行政机关职权范围;
(2)申请人具备相应申请条件;
(3)申请材料真实、完整,符合法定形式。
3. 有如下情形之一的,不予受理:
(1)申请事项不属于本行政机关职权范围;
(2)申请人不具备相应申请条件;
(3)申请材料不真实、不完整,不符合法定形式,且拒不补正的。

(七)申请材料

1. 申请材料清单(表 2-1)

表 2-1 申请材料清单

序号	提交材料名称	原件/复印件	份数	纸质/电子	要求	备注
1	书面申请公函	原件	1	纸质/电子		
2	《防雷装置检测资质申请表》	原件	1	纸质/电子		
3	事业单位法人证书或企业法人营业执照正、副本	原件/复印件	1	纸质/电子		可在实施部门信息共享后取消
4	《专业技术人员简表》,专业技术人员的技术职称证书、身份证明、劳动合同、社会保险关系证明	原件/复印件	1	纸质/电子		
5	防雷装置检测质量管理手册	原件	1	纸质/电子		
6	经营场所产权证明或租赁合同	原件/复印件	1	纸质/电子		
7	仪器、设备及相关设施清单、仪器设备校准材料	原件	1	纸质/电子		
8	安全生产管理制度	复印件	1	纸质/电子		
9	技术负责人三年以上防雷装置检测等工作从业证明。	原件	1			乙级资质
9	技术负责人五年以上防雷装置检测等工作从业证明。	原件	1			甲级资质
10	现有资质证正、副本原件及复印件	原件/复印件	1	纸质/电子		申请防雷装置检测甲级资质时提供
11	《近三年已完成防雷装置检测项目表》和气象主管机构质量考核情况	原件	1	纸质/电子		申请防雷装置检测甲级资质时提供
12	近三年 20 个以上防雷装置检测项目的全套资料	复印件	1	纸质/电子		申请防雷装置检测甲级资质时提供

2. 申请材料提交

申请人可通过窗口报送、网上提交等方式提交材料。网上提交材料的,按照当地气象主管机构网上办理要求提供。

(八)办理基本流程(图 2-1)

(九)审批数量

无限制。

(十)法定时限

20个工作日(不含专家评审和现场核查时间)。

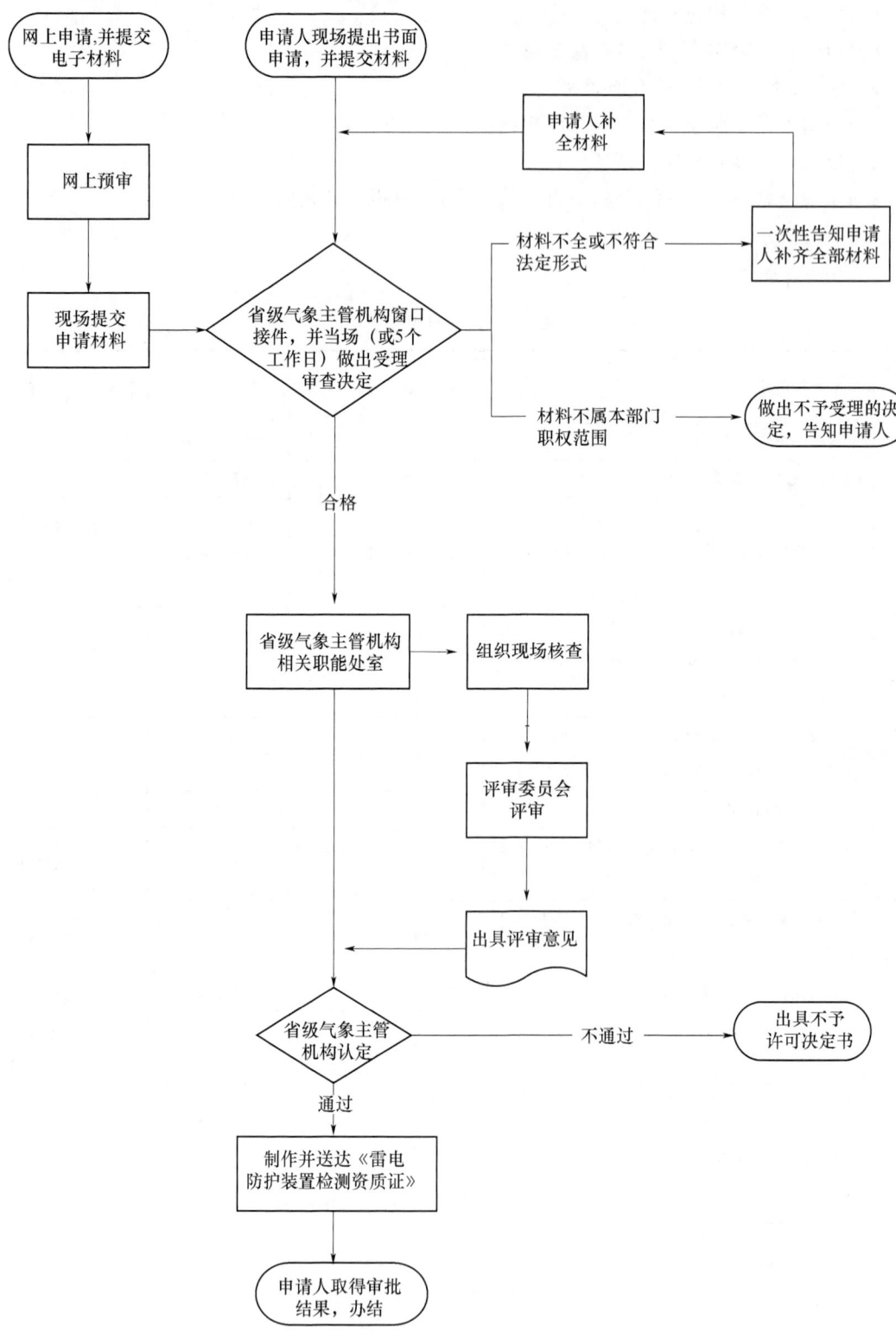

图 2-1 除电力、通信以外的雷电防护装置检测单位资质认定办理基本流程

(十一)承诺时限

8个工作日(不含专家评审和现场核查时间)。

(十二)收费依据及标准

不收费。

(十三)结果名称

《雷电防护装置检测资质证》。

(十四)结果送达

作出行政许可决定后,许可单位应在3个工作日内,通过电话和网站公示方式告知服务对象,并通过现场或邮寄领取将证件送达申请人。

(十五)年检要求

不年检。防雷装置检测资质管理实行年度报告制度。防雷装置检测单位应当从取得资质证后次年起,在每年的第二季度向资质认定机构报送年度报告。

(十六)服务对象

法人。

(十七)办理形式

窗口办理。

(十八)结果时效

5年。

(十九)咨询电话

1. 窗口咨询:省政务服务中心综合窗口。
2. 网上咨询:安徽政务服务网、中国气象局行政审批网上平台。

(二十)投诉电话、办公地址和时间

1. 现场投诉:省政务服务中心或者省级气象主管机构的监督与投诉处理机构。
2. 电话投诉:省政务服务中心或者省县级气象主管机构的监督投诉电话。
3. 网上投诉:安徽政务服务网、中国气象局行政审批网上平台。
4. 办公地址:省政务服务中心综合窗口。
5. 办公时间:按照当地政府时间要求。
6. 气象主管机构受理申请后,申请人可通过电话、网站等方式查询审批状态和结果。

第二节　雷电防护装置设计审核和竣工验收

"雷电防护装置设计审核和竣工验收"事项纳入市县政府政务服务大厅,由市、县气象局负责,并分为"雷电防护装置设计审核"和"雷电防护装置竣工验收"两个事项办理。各市县气象局从事项类型、办件类型、设定依据、受理条件、申请材料、审批数量、法定时限、承诺时限、收费依据及标准、结果名称、结果送达、年检要求、服务对象、办理形式、结果时效、咨询电话、投诉电话、办公地址和时间等方面编制了该事项的审批服务指南并公布。

一、雷电防护装置设计审核服务指南

（一）适用范围

本指南适用于"雷电防护装置设计审核和竣工验收"审批事项中"雷电防护装置设计审核"子项的申请和办理。

（二）项目信息

项目名称：雷电防护装置设计审核和竣工验收

子项名称：雷电防护装置设计审核

权力类型：行政许可

（三）办理依据

1.《国务院对确需保留的行政审批项目设定行政许可的决定》（国务院令第412号）第378项：防雷装置设计审核和竣工验收。实施机关：县以上气象主管机构。

2.《气象灾害防御条例》（《国务院关于修改部分行政法规的决定》国务院令第687号）第二十三条第三款：油库、气库、弹药库、化学品仓库和烟花爆竹、石化等易燃易爆建设工程和场所，雷电易发区内的矿区、旅游景点或者投入使用的建（构）筑物、设施等需要单独安装雷电防护装置的场所，以及雷电风险高且没有防雷标准规范、需要进行特殊论证的大型项目，其雷电防护装置的设计审核和竣工验收由县级以上地方气象主管机构负责。未经设计审核或者设计审核不合格的，不得施工；未经竣工验收或者竣工验收不合格的，不得交付使用。

3.《防雷减灾管理办法》（中国气象局令第24号）第十五条：防雷装置的设计实行审核制度。县级以上地方气象主管机构负责本行政区域内的防雷装置的设计审核。符合要求的，由负责审核的气象主管机构出具核准文件；不符合要求的，负责审核的气象主管机构提出整改要求，退回申请单位修改后重新申请设计审核。未经审核或者未取得核准文件的设计方案，不得交付施工。

4.《防雷装置设计审核和竣工验收规定》（中国气象局令第21号）第七条：防雷装置设计实行审核制度。建设单位应当向气象主管机构提出申请，填写《防雷装置设计审核申报表》。建设单位申请新建、改建、扩建建（构）筑物设计文件审查时，应当同时申请防雷装置设计审核。

5.《安徽省气象管理条例》（安徽省人大常委会公告第26号）第二十条第二款：新建、扩建、改建建筑物、构筑物或者其他设施的防雷安全设施设计，须经气象主管机构审核同意。

6.《安徽省防雷减灾管理办法》（安徽省人民政府令第279号）第十条第二款：油库、气库、弹药库、化学品仓库、烟花爆竹、石化等易燃易爆建设工程和场所，雷电易发区内的矿区、旅游景点或者投入使用的建（构）筑物、设施等需要单独安装防雷装置的场所，以及雷电风险高且没有防雷标准规范、需要进行特殊论证的大型项目，建设单位应当将防雷装置设计文件送县级以上地方气象主管机构审核。

7.《国务院关于优化建设工程防雷许可的决定》（国发〔2016〕39号）一、整合部分建设工程防雷许可。（二）油库、气库、弹药库、化学品仓库、烟花爆竹、石化等易燃易爆建设工程和场所，雷电易发区内的矿区、旅游景点或者投入使用的建（构）筑物、设施等需要单独安装雷电防护装置的场所，以及雷电风险高且没有防雷标准规范、需要进行特殊论证的大型项目，仍由气象部门负责防雷装置设计审核和竣工验收许可。

（四）受理机构

县级以上气象主管机构。

（五）决定机构

县级以上气象主管机构。

（六）审批数量

无限制。

（七）办事条件

1.申请条件：

下列建（构）筑物、场所和设施的雷电防护装置应当经过设计审核：

(1)油库、气库、弹药库、化学品仓库、烟花爆竹、石化等易燃易爆建设工程和场所；

(2)雷电易发区内的矿区、旅游景点或者投入使用的建（构）筑物、设施等需要单独安装雷电防护装置的场所；

(3)雷电风险高且没有防雷标准规范、需要进行特殊论证的大型项目。

2.同时具备或符合如下条件的，准予批准：

(1)申请事项属于本行政机关职权范围；

(2)申请单位提交的申请材料齐全且符合法定形式；

(3)防雷装置设计文件符合国家有关标准和国务院气象主管机构规定的使用要求。

（八）申请材料

1.申请材料清单（表2-2，表2-3）

表2-2 雷电防护装置初步设计审核申请材料清单

序号	提交材料名称	备注
1	雷电防护装置设计审核申请书(初步设计)	
2	总规划平面图	可在实现部门信息共享后取消
3	设计单位和人员的资质证和资格证书	可在实现部门信息共享后取消
4	雷电防护装置初步设计说明书、初步设计图纸及相关资料	

注：申请材料是否需要原件或复印件，纸质件或电子件，以及材料份数均按照当地气象主管机构行政审批要求提供。

表2-3 雷电防护装置施工图设计审核申请材料清单

序号	提交材料名称	备注
1	雷电防护装置设计审核申请书	
2	设计单位和人员的资质证和资格证书	可在实现部门信息共享后取消
3	雷电防护装置施工图设计说明书、施工图设计图纸及相关资料	
4	雷电防护装置未经过初步设计的，应当提交总规划平面图	可在实现部门信息共享后取消

注：申请材料是否需要原件或复印件，纸质件或电子件，以及材料份数均按照当地气象主管机构行政审批要求提供。

2.申请材料提交

申请人可通过窗口报送、网上提交等方式提交材料。

（九）申请接收

1.接收方式

(1)窗口接收：当地政务服务中心气象窗口。

(2)网上接收：安徽政务服务网、中国气象局行政审批网上平台。

2. 办公时间

按照当地政府时间要求。

（十）办理基本流程（图 2-2）

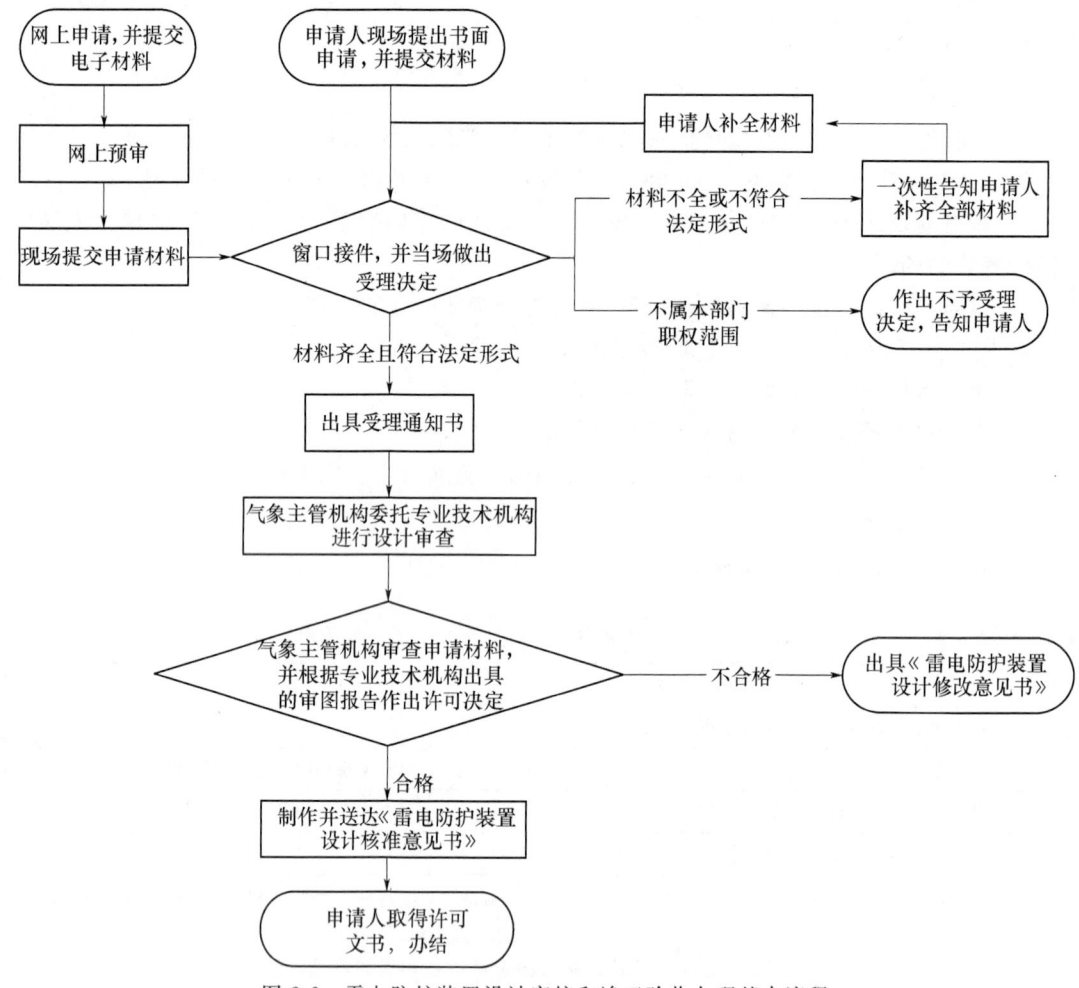

图 2-2 雷电防护装置设计审核和竣工验收办理基本流程

（十一）办理方式

1. 一般程序：包括申请、受理、审核与决定、文书制作与送达、结果公开等。

2. 并联审批：由相关部门牵头，"雷电防护装置设计审核"事项纳入工程建设项目的"施工许可"阶段并联审批。

（十二）审批时限

1. 法定时限：受理后 20 个工作日内办结（委托专业技术机构开展设计图纸技术审查的时间不计算在审批时限内，但应当将所需时间书面告知申请人）。

2. 承诺时限：按当地气象主管机构行政审批要求。

（十三）审批收费依据及标准

不收费。

（十四）审批结果

"雷电防护装置初步设计审核"许可文书为：《雷电防护装置初步设计核准意见书》

"雷电防护装置施工图设计审核"许可文书为：《雷电防护装置设计核准意见书》

（十五）结果送达

作出行政许可决定后，受理窗口应在10个工作日内，通过电话或网站公示方式告知服务对象，并通过现场领取、邮寄送达等规定的方式将许可文书送达申请人。

（十六）申请人权利和义务

1. 依据《中华人民共和国行政许可法》等法律法规，申请人依法享有以下权利：

(1)依法享有获得《雷电防护装置初步设计核准意见书》或者《雷电防护装置设计核准意见书》的权利；

(2)审批事项办理情况的知情权；

(3)对雷电防护装置设计审核过程中的违法行为进行举报。

2. 依据《中华人民共和国行政许可法》等法律法规，申请人依法履行以下义务：

(1)如实向受理机构提交申请材料和反映真实情况；

(2)对申请材料的真实性、完整性等负责；

(3)依法对申报事项进行必要的修改补充。

（十七）咨询途径

1. 窗口咨询：当地政务服务中心气象窗口。

2. 网上咨询：安徽政务服务网、中国气象局行政审批网上平台。

（十八）监督和投诉渠道

1. 现场投诉：当地政务服务中心或者县级以上气象主管机构的监督与投诉处理机构。

2. 电话投诉：当地政务服务中心或者县级以上气象主管机构的监督投诉电话。

3. 网上投诉：安徽政务服务网、中国气象局行政审批网上平台。

（十九）办公地址和时间

1. 办公地址：当地政务服务中心气象窗口。

2. 办公时间：按照当地政府时间要求。

（二十）公开查询

气象主管机构受理申请后，申请人可通过电话、网站等方式查询审批状态和结果。

二、雷电防护装置竣工验收服务指南

（一）适用范围

本指南适用于"雷电防护装置设计审核和竣工验收"审批事项中"雷电防护装置竣工验收"子项的申请和办理。

（二）项目信息

项目名称：雷电防护装置设计审核和竣工验收。

子项名称：雷电防护装置竣工验收。

权力类型：行政许可。

（三）办理依据

1.《国务院对确需保留的行政审批项目设定行政许可的决定》（国务院令第412号）第378

项:防雷装置设计审核和竣工验收。实施机关:县以上气象主管机构。

2.《气象灾害防御条例》(《国务院关于修改部分行政法规的决定》国务院令第687号)第二十三条第三款:油库、气库、弹药库、化学品仓库和烟花爆竹、石化等易燃易爆建设工程和场所,雷电易发区内的矿区、旅游景点或者投入使用的建(构)筑物、设施等需要单独安装雷电防护装置的场所,以及雷电风险高且没有防雷标准规范、需要进行特殊论证的大型项目,其雷电防护装置的设计审核和竣工验收由县级以上地方气象主管机构负责。未经设计审核或者设计审核不合格的,不得施工;未经竣工验收或者竣工验收不合格的,不得交付使用。

3.《防雷减灾管理办法》(中国气象局令第24号)第十七条:防雷装置实行竣工验收制度。县级以上地方气象主管机构负责本行政区域内的防雷装置的竣工验收。负责验收的气象主管机构接到申请后,应当根据具有相应资质的防雷装置检测机构出具的检测报告进行核实。符合要求的,由气象主管机构出具验收文件。不符合要求的,负责验收的气象主管机构提出整改要求,申请单位整改后重新申请竣工验收。未取得验收合格文件的防雷装置,不得投入使用。

4.《防雷装置设计审核和竣工验收规定》(中国气象局令第21号)第十五条:防雷装置实行竣工验收制度。建设单位应当向气象主管机构提出申请,填写《防雷装置竣工验收申请书》。新建、改建、扩建建(构)筑物竣工验收时,建设单位应当通知当地气象主管机构同时验收防雷装置。

5.《安徽省防雷减灾管理办法》(安徽省人民政府令第279号)第十二条第二款:本办法第十条第二款规定的场所或者设施竣工验收时,其防雷装置应当经县级以上地方气象主管机构验收。

6.《国务院关于优化建设工程防雷许可的决定》(国发〔2016〕39号)一、整合部分建设工程防雷许可。(二)油库、气库、弹药库、化学品仓库、烟花爆竹、石化等易燃易爆建设工程和场所,雷电易发区内的矿区、旅游景点或者投入使用的建(构)筑物、设施等需要单独安装雷电防护装置的场所,以及雷电风险高且没有防雷标准规范、需要进行特殊论证的大型项目,仍由气象部门负责防雷装置设计审核和竣工验收许可。

(四)受理机构

县级以上气象主管机构。

(五)决定机构

县级以上气象主管机构。

(六)审批数量

无限制。

(七)办事条件

1. 申请条件:

下列建(构)筑物、场所和设施的雷电防护装置应当经过设计审核:

(1)油库、气库、弹药库、化学品仓库、烟花爆竹、石化等易燃易爆建设工程和场所;

(2)雷电易发区内的矿区、旅游景点或者投入使用的建(构)筑物、设施等需要单独安装雷电防护装置的场所;

(3)雷电风险高且没有防雷标准规范、需要进行特殊论证的大型项目。

2. 同时具备或符合如下条件的,准予批准:

(1)申请事项属于本行政机关职权范围；
(2)申请单位提交的申请材料齐全且符合法定形式；
(3)雷电防护装置设计取得当地气象主管机构核发的《雷电防护装置设计核准意见书》；
(4)安装的防雷装置按照核准的施工图施工完成，且符合国家有关标准和国务院气象主管机构规定的使用要求。

(八)申请材料

1. 申请材料清单(表2-4)

表2-4　申请材料清单

序号	提交材料名称	备注
1	《防雷装置竣工验收申请书》	
2	施工单位的资质证和施工人员的资质证和资格证书	可在实现部门信息共享后取消
3	防雷装置竣工图纸等技术资料	
4	防雷产品出厂合格证、安装记录	可改为申请人承诺或现场核实

注：申请材料是否需要原件或复印件，纸质件或电子件，以及材料份数均按照当地气象主管机构行政审批要求提供。

2. 申请材料提交

申请人可通过窗口报送、网上提交等方式提交材料。

(九)申请接收

1. 接收方式

(1)窗口接收：当地政务服务中心气象窗口。

(2)网上接收：安徽政务服务网、中国气象局行政审批网上平台。

2. 办公时间：

按照当地政府时间要求。

(十)办理基本流程(图2-3)

(十一)办理方式

1. 一般程序：包括申请、受理、审查与决定、文书制作与送达、结果公开等。

2. 综合验收：由相关部门牵头，"雷电防护装置竣工验收"事项可纳入工程建设项目"竣工验收"阶段的综合验收。

(十二)审批时限

1. 法定时限：受理后10个工作日内办结(委托具有相应资质的检测机构进行检测的时间不计算在审批时限内，但应当将所需时间书面告知申请人)。

2. 承诺时限：按当地气象主管机构行政审批要求。

(十三)审批收费依据及标准

不收费。

(十四)审批结果

许可证书《雷电防护装置验收意见书》。

(十五)结果送达

作出行政许可决定后，受理窗口应在10个工作日内，通过电话或网站公示方式告知服务

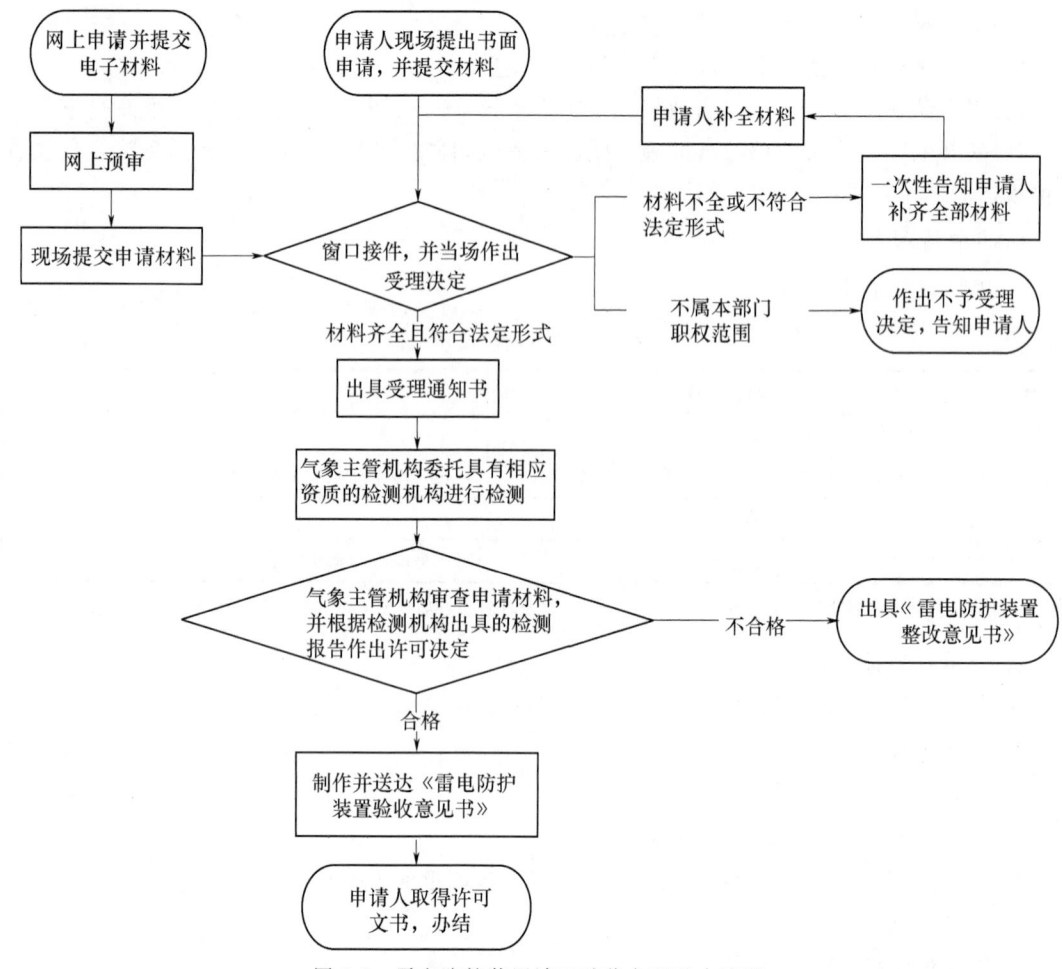

图 2-3 雷电防护装置竣工验收办理基本流程

对象,并通过现场领取、邮寄送达等规定的方式将许可文书送达申请人。

(十六)申请人权利和义务

1. 依据《中华人民共和国行政许可法》等法律法规,申请人依法享有以下权利:

(1)依法享有获得《雷电防护装置验收意见书》的权利;

(2)审批事项办理情况的知情权;

(3)对雷电防护装置竣工验收过程中的违法行为进行举报。

2. 依据《中华人民共和国行政许可法》等法律法规,申请人依法履行以下义务:

(1)如实向受理机构提交申请材料和反映真实情况;

(2)对申请材料的真实性、完整性等负责。

(3)依法对申报事项进行必要的修改补充。

(十七)咨询途径

1. 窗口咨询:当地政务服务中心气象窗口。

2. 网上咨询:安徽政务服务网、中国气象局行政审批网上平台。

(十八)监督和投诉渠道

1. 现场投诉:当地政务服务中心或者县级以上气象主管机构的监督与投诉处理机构。

2. 电话投诉:当地政务服务中心或者县级以上气象主管机构的监督投诉电话。
3. 网上投诉:安徽政务服务网、中国气象局行政审批网上平台。

(十九)办公地址和时间

1. 办公地址:当地政务服务中心气象窗口。
2. 办公时间:按照当地政府时间要求。

(二十)公开查询

气象主管机构受理申请后,申请人可通过电话、网站等方式查询审批状态和结果。

第三章 强化防雷安全监管

第一节 防雷安全"双随机、一公开"监管

防雷安全"双随机、一公开"监管依托"安徽省事中事后综合监管平台"（简称"监管平台"）开展，监管的对象主要包括防雷安全重点单位和雷电防护装置检测单位两大类。省气象局在"监管平台"建立防雷检测资质单位名录库、执法人员名录库和随机抽查事项清单和抽查工作计划，各市县气象局在"监管平台"建立防雷安全重点单位名录库并认领本行政区域的防雷检测资质单位名录，补充本地执法人员名录，编制本单位的随机抽查事项清单和抽查工作计划。防雷安全管理涉及安全和公共利益，抽查比例不设上限。同时，为便于中国气象局全面了解和掌握各级气象主管部门的防雷安全管理工作情况，需在"全国防雷减灾综合管理服务平台"录入有关信息，该平台的使用纳入中国气象局对各省气象局的目标考核。

省气象局根据法律法规和标准的要求，分别制定了防雷安全重点单位的事中事后监管检查表和雷电防护装置检测单位的事中事后监管检查表，作为省市县三级气象主管机构对检查对象开展"双随机、一公开"监管的操作依据。

一、防雷安全重点单位事中事后监管

防雷安全重点单位的事中事后监管主要从防雷管理有关规定执行情况、内部安全管理制度建设情况和雷电防护装置维护及定期检测制度执行情况三个方面开展，共包括17项具体检查内容（表3-1）。

表 3-1 防雷安全事中事后监管检查表（防雷安全重点单位）

被检单位： 检查日期： 年 月 日

检查类别	检查内容	检查结果	检查说明	检查形式
（一）防雷管理有关规定执行情况	1. 新建、改建、扩建项目的雷电防护装置，是否及时申报设计审核、竣工验收。	是□ 否□		现场检查 资料核查
	2. 新建、改建、扩建项目的雷电防护装置，是否与主体工程同时设计、同时施工、同时投入使用。	是□ 否□		
	3. 是否隐瞒有关情况、提供虚假材料申请雷电防护装置设计审核、竣工验收。	是□ 否□		
	4. 是否以欺骗、贿赂等不正当手段通过雷电防护装置设计审核、竣工验收。	是□ 否□		
	5. 是否向监督检查机构隐瞒有关情况、提供虚假材料或者拒绝提供反映其活动情况的真实材料。	是□ 否□		

续表

检查类别	检查内容	检查结果	检查说明	检查形式
（二）内部安全管理制度建设情况	1. 是否成立防雷安全管理的工作机构，明确防雷安全管理职责。	是□ 否□		现场检查
	2. 是否建立防雷安全责任制，签订安全责任书。	是□ 否□		
	3. 是否制定防雷安全制度或安全操作规程，并严格执行落实。	是□ 否□		
	4. 是否制定雷电灾害应急预案，并定期组织应急演练。	是□ 否□		
	5. 是否建立有效雷电灾害预警信息接收和响应机制。	是□ 否□		
	6. 是否组织开展防雷安全教育培训。	是□ 否□		
	7. 防雷安全档案管理是否完整、规范。	是□ 否□		
（三）雷电防护装置维护和定期检测制度执行情况	1. 雷电防护装置是否定期维护，是否有日常维护和防雷安全隐患排查记录。	是否 有记录□ 无记录□		现场检查
	2. 是否委托有相应检测资质的单位开展雷电防护装置检测。	是□ 否□		
	3. 雷电防护装置检测周期是否符合规定要求。	是□ 否□		
	4. 检测数据是否符合防雷安全相关技术标准，不符合标准规范或存在安全隐患时，是否及时采取措施进行整改。	是□ 否□ 整改□ 未整改□		
	5. 雷电防护装置是否设置安全检测标志。	是□ 否□		
	6. 上次检测提出的问题是否及时整改。	是□ 否□		
被检单位地址				
被检单位签字 （盖章）				
检查人员签字				

填报说明：(1)将检查结果在方框内打钩；(2)检查说明可另附。

二、雷电防护装置检测单位防雷安全事中事后监管

雷电防护装置检测单位的事中事后监管主要从制度建设和相关规定执行情况、持续符合资质认定条件情况、检测质量抽检三个方面开展，共包括 24 项具体检查内容（表 3-2）。

表 3-2　防雷安全事中事后监管检查表（雷电防护装置检测单位）

被检单位：　　　　　　　　　检查日期：　　　　　　　　　年　　月　　日

检查类别	检查内容	检查结果	检查说明	检查形式
（一）制度建设和执行情况	1. 是否建立安全生产责任制和各项安全管理制度。	是□ 否□		
	2. 是否制订安全培训计划，对员工进行各类岗位安全培训。	是□ 否□ 已培训□ 未培训□		

续表

检查类别	检查内容	检查结果	检查说明	检查形式
（一）制度建设和执行情况	3. 是否对员工、管理文件、检测设备、原始记录、检测报告等建立档案，保管方式、期限是否符合技术规范标准。	是□ 否□ 符合□ 不符合□		现场检查
	4. 从事检测活动，是否遵守国家有关技术规范和标准。	是□ 否□		
	5. 是否存在无资质证或者超出资质等级承接雷电防护装置检测、转包或者违法分包情况。	是□ 否□		
	6. 是否存在伪造、涂改、出租、出借、挂靠、转让雷电防护装置检测资质证情况。	是□ 否□		现场检查 资料核查
	7. 是否与检测项目的设计、施工单位以及所使用的防雷产品生产、销售单位有隶属关系或者其他利害关系。	是□ 否□		
	8. 是否按时提交年度工作报告，报告内容是否真实。	是□ 否□ 真实□ 不真实□		法规处抽查
（二）持续符合资质认定条件情况	1. 单位名称、地址、法定代表人等发生变更的，是否在法人资格管理部门变更登记后30个工作日内，向原资质认定机构申请办理资质证变更手续。	是□ 否□		现场检查
	2. 经营场所是否发生变动，变动后能否满足雷电防护装置检测业务需要。	变动□ 未变动□ 满足□ 不满足□		
	3. 检测技术人员是否发生变动，变动后是否符合相应的资质等级要求。	变动□ 未变动□ 符合□ 不符合□		
	4. 检测仪器设备是否经法定计量检定机构检定或校准并在有效期内。	是□ 否□		
	5. 检测人员能否熟练掌握雷电防护装置检服务规范并能组织实施。	是□ 否□		
	6. 检测人员是否熟悉各类检测仪器的使用、调试方法和日常维护。	是□ 否□		
（三）检测质量抽检	1. 检测标准适用是否正确。	是□ 否□		资料核查
	2. 检测报告及原始记录表格格式是否统一。	是□ 否□		
	3. 检测内容是否全面、是否达到相关技术要求或是否足以支持检测结论。	全面□ 不全面□ 支持□ 不支持□		

续表

检查类别	检查内容	检查结果	检查说明	检查形式
（三）检测质量抽检	4. 检测结论是否不明确、不全面或存在错误。	是□ 否□		资料核查
	5. 在检测中发现雷电防护装置不符合标准规范的,是否及时提出书面改正意见。	是□ 否□		
	6. 检测报告内容和格式是否规范。	是□ 否□		
	7. 检测方法是否正确。	是□ 否□		抽查抽检现场检查
	8. 检测人员是否将测量数据及时准确地记入原始记录表格并签名。	是□ 否□		
	9. 是否在检测中弄虚作假。	是□ 否□		
	10. 出具的雷电防护装置检测数据、结果是否真实、客观、准确。	是□ 否□		
被检单位地址				
被检单位签字（盖章）				
检查人员签字				

填报说明:(1)将检查结果在方框内打钩;(2)检查说明可另附。

第二节 防雷安全监管督查

为保障中国气象局确定的省市县三级气象主管机构防雷安全监管职责的落实,省气象局制定督查计划并开展督查,主要从考核管理体系建设情况、防雷安全责任落实情况、防雷安全监管部门联动情况、防雷安全宣传培训情况、防雷安全业务支撑能力建设情况、防雷安全行政审批和监督检查情况、防雷安全监管信息管理情况等方面开展,共包括24项具体检查内容（表3-3）。

表3-3 安徽省气象部门防雷安全监管督查表

被督查单位名称： 检查时间：

督查项目	具体内容	自查说明	督查记录
考核管理体系建设情况	1. 当地政府将防雷安全工作纳入安全生产责任制和地方政府考核评价指标体系等情况。		
防雷安全责任落实情况	1. 督促相关主体落实防雷安全主体责任的举措;对违法违规单位查处情况;		
	2. 防雷安全重点单位的防雷安全生产责任书(或防雷安全生产责任告知书)签订数量,责任书落实防雷安全主体责任及安全保障措施情况。		
防雷安全监管部门联动情况	1. 开展防雷安全监管联动的部门数量及单位名称,联合发文次数、联合执法次数、联合惩戒次数及有关情况;		

续表

督查项目	具体内容	自查说明	督查记录
防雷安全监管部门联动情况	2.与住建、交通、水利、电力、通信管理等各相关部门的防雷安全管理经常性工作机制、信息共享机制建设情况;是否有政府发文(或联合发文、联席会议发文等方式)落实各相关部门防雷安全监管职责,消除职责交叉和监管空白,文件可操作性情况;各相关部门落实前述文件,开展该部门监管领域内的防雷安全检查和督促整改情况。		
防雷安全宣传培训情况	1.防雷减灾科普知识宣传次数及具体情况;向防雷安全重点单位提供防雷减灾安全政策法规、标准规范、安全知识、安全技能等咨询服务次数及具体情况;		
	2.对防雷安全重点单位的防雷减灾知识培训次数、人数。		
雷安全业务支撑能力建设情况	1.雷电监测网优化升级情况;雷电实时监测和短临预警业务系统应用情况;对防雷安全重点单位的雷电预警信息、雷电灾害信息互联互通情况;		
	2.雷电相关研究课题或项目数量,相关成果转化和推广应用数量。		
防雷安全行政审批和监督检查情况	1.防雷安全重点单位新建、改建、扩建雷电防护装置设计审核和竣工验收行政审批数量,未经审核或审核不合格但交付施工的单位(无核准文件编号)数量及单位名称;未经竣工验收或验收不合格投入使用的单位(无核准文件编号)数量及单位名称;		
	2.防雷安全重点单位检查和抽查次数、数量,发现问题隐患数量、已整改数量;防雷安全重点单位的防雷安全责任制建立、防雷安全管理制度落实、专(兼)职防雷安全人员配备、防雷安全教育培训、防雷安全档案管理、雷电灾害应急预案建立、防雷安全日常检查与整改落实记录、雷电灾害风险排查和治理方案制定与落实情况;防雷安全定期检测报告符合标准或规定格式情况;对防雷安全重点单位检查结果通报次数,处理情况;		
	3.对存在问题隐患的重点单位回头看次数、跟踪督促情况。		
防雷安全监管信息管理情况	1.依托全国防雷减灾综合管理服务平台、安徽省事中事后综合监管平台(简称"监管平台")两个系统开展防雷安全监督管理情况;上述两个系统中登记的本行政区域内防雷安全重点单位、执法人员与本年度"一单两库"是否一致,以及监督检查次数、隐患数量和隐患整改数量;年度抽查是否通过监管平台开展,临时开展的检查是否按监管平台格式进行补录;通过"双公示平台"公示的信用信息类别、数量;		

续表

督查项目	具体内容	自查说明	督查记录
防雷安全监管信息管理情况	2. 本年度动态更新确定的防雷安全重点单位数量、信息库单位名称、地址、联系人、设计审核和竣工验收许可审批单位、审批时间、核准文件编号等信息完整性情况;公示防雷安全重点单位清单的媒体名称和时间;重点单位反馈变更信息并更新信息库的次数;		
	3. 防雷安全重点单位相关监管信息收集邮箱或微信群号,上报定期检测报告、雷电灾害、隐患排查整改等情况单位数量、信息数量和质量情况。		

第三节 防雷安全行政检查

一、行政检查工作流程

根据《中华人民共和国气象法》《中华人民共和国安全生产法》以及其他气象法律法规章要求,气象主管机构应当履行气象信息发布传播、气象信息服务、气象设施和气象探测环境保护、防雷减灾、施放气球活动审批和监管、人工影响天气作业管理、气候资源开发利用和保护等社会管理职能,可依法开展行政执法监督检查活动。气象行政检查通过安徽省事中事后综合监管平台组织,相关"一单两库"和检查结果在录入监管平台的同时,同步录入全国防雷减灾综合管理服务平台。气象行政检查流程图如图 3-1 所示。

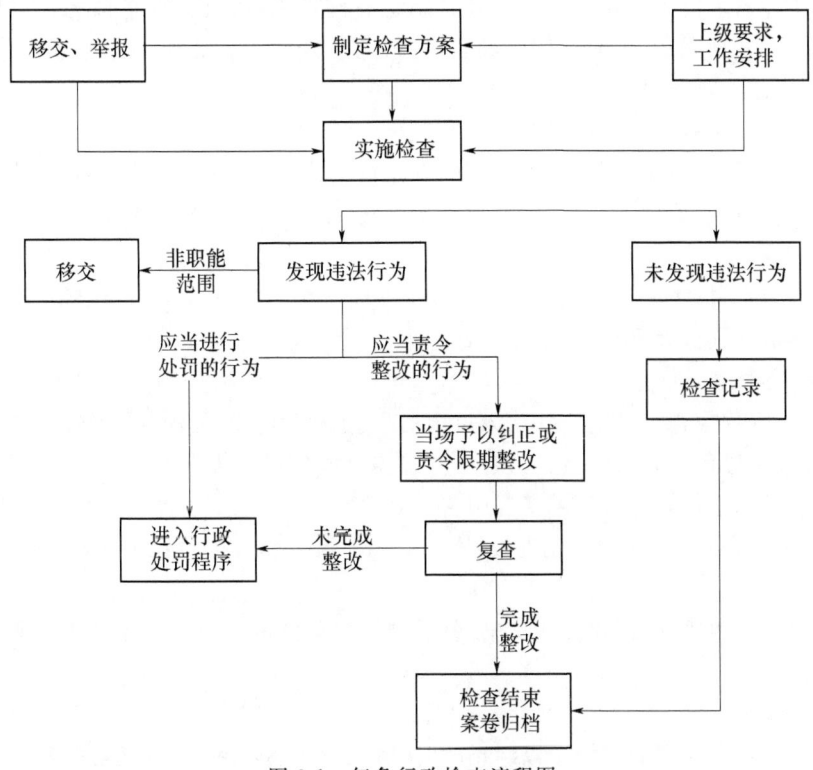

图 3-1 气象行政检查流程图

(一)制定方案阶段

根据工作安排,气象主管机构法制部门或者所属执法队伍拟定监督检查计划(方案),经单位主要领导或分管领导同意后印发执行。针对相关部门移交、群众举报、上级交办、下级报请等特定情形,可直接开展监督检查。

注意事项:年初,制定全年监督检查计划。根据工作需要,可临时开展专项检查活动。地方党委、政府要求报备监督检查计划的,从其规定。

(二)实施检查阶段

根据监督检查方案,执法人员参照以下步骤开展检查:

1. 出示证件

在监督检查现场,执法人员不得少于2名,并必须出示合法的、有效期内的行政执法证件,表明身份。

注意事项:可携带执法记录仪,可邀请相关专家参加。

2. 说明来意

执法人员向被检查单位告知:"我们是××气象局执法人员××、××,证件号码为××、××,这是我们的证件。现依法对你单位进行监督检查,请予以配合。"

3. 现场检查

(1)听取情况介绍。

执法人员听取被检查单位的相关情况介绍,围绕检查内容,掌握基本状况。

(2)实施现场检查。

检查档案资料。执法人员依据预先制定的检查表,对被检查单位政策法规执行、规章制度建设、责任分工等情况进行检查。发现问题,及时询问记录。

检查生产经营场所。执法人员依据预先制定的检查表,对被检查单位的重点场所和重点环节进行检查。发现问题,及时询问并如实记录(笔录、拍照、视频等)。根据现场检查情况,如实填写《气象行政检查记录表》。

相关文书:《气象行政检查记录表》。

注意事项:被检查单位的负责人拒绝在《气象行政检查记录表》中签字的,执法人员应当将情况记录在案,并拍照取证。《气象行政检查记录表》由气象主管部门留存。

4. 反馈结果

现场检查结束,执法人员向被检查单位主要负责人或者责任人反馈检查情况,可根据具体情况采取以下措施进行处置。

(1)未发现问题。

根据《气象行政检查记录表》,执法人员填写《气象行政检查现场情况报告》,如实记录现场情况,由被检查单位负责人或者责任人签字并加盖单位公章确认。

相关文书:《气象行政检查现场情况报告》。

注意事项:《气象行政检查现场情况报告》一式两份,被检查单位、气象主管部门各留存一份。

(2)发现问题。

提出整改要求和建议,制作执法文书,督促被检查单位依法履行主体责任。具体可参照以下情况执行:

1)当场予以纠正。

发现存在的安全问题需当场予以纠正的,执法人员应制作并送达《气象行政检查现场处理决定书》,责令被检查单位当场纠正或者立即排除隐患。

相关文书:《气象行政检查现场处理决定书》。

注意事项:①文书中应当指明存在的违法行为或者安全隐患,所采取的现场处理措施和对应法律依据,以及被检查单位的现场落实情况。②文书应由被检查单位主要负责人或责任人签收,拒绝接收或无法直接送达的,应按有关规定进行送达。③《气象行政检查现场处理决定书》一式两份,被检查单位、气象主管部门各留存一份。

2)责令限期整改。

发现存在的安全问题需责令限期整改的,执法人员应当制作并送达《气象行政检查责令限期整改决定书》。

相关文书:《气象行政检查责令限期整改决定书》。

注意事项:①文书应当准确描述被责令整改的违法行为和限期达到的要求,并列明法律法规或者标准规范依据。②原则上根据违法行为或者安全隐患的风险、整改难易程度等因素合理确定整改期限。③文书由被检查单位主要负责人或责任人签收,拒绝接收或无法直接送达的,应按有关规定进行送达。④《气象行政检查责令限期整改决定书》一式两份,被检查单位、气象主管部门各留存一份。

3)立案查处(行政处罚)。

检查中发现被检查单位或有关人员存在违反法律法规行为的,执法人员按照行政处罚(详见行政处罚流程规定)相关规定调查和处置。

4)移送。

发现的违法违规问题超出气象部门监管范围的,按照相关规定及时移送其他有关部门处理。

(三)后续跟踪阶段

监督检查过程中存在责令限期整改情况的,执法人员应在限期届满之日起 5 个工作日内,对被检查单位进行跟踪回访,督促整改落实。具体可参照以下情况执行:

1. 完成整改要求

根据现场复查情况,执法人员填写《气象行政检查复查意见书》和《气象行政检查复查报告》,如实记录整改完成情况,并由被检查单位负责人或者责任人签字并加盖单位公章确认。

相关文书:《气象行政检查复查意见书》和《气象行政检查复查报告》。

注意事项:《气象行政检查复查意见书》和《气象行政检查复查报告》一式两份,被检查单位、气象主管部门各留存一份。

2. 未完成整改要求

根据现场复查情况,执法人员填写《气象行政检查复查意见书》和《气象行政检查复查报告》,如实记录整改进度,并由被检查单位负责人或者责任人签字并加盖单位公章确认。针对未完成整改的违法违规行为,按照行政处罚(详见行政处罚流程规定)相关规定调查和处置。

相关文书:《气象行政检查复查意见书》和《气象行政检查复查报告》。

注意事项:①《气象行政检查复查意见书》和《气象行政检查复查报告》一式两份,被检查单位、气象主管部门各留存一份。②文书由被检查单位主要负责人或责任人签收,拒绝接收或无法直接送达的,应按有关规定进行送达。

（四）案卷归档阶段

监督检查工作全部结束后的 1 个月内，执法人员应收集整理全部执法档案材料，经执法机构负责人核验后立卷归档，并交由专人负责保存备查。

1. 归档范围

监督检查过程中形成的调查笔录、违法违规证据（录音、视频、实物）、处理决定、整改完成情况等全部材料均应进行归档。

2. 质量要求

案卷材料应当齐全完整，必须保存原件；相关责任单位和责任人应按规定进行签字、盖章确认。

相关文书：《气象行政检查卷宗》《卷内目录》《备考表》等。

注意事项：①可按年度、行业、地区分类，以每个被监管单位形成的文件材料为保管单位整理，按形成时间顺序排列。②存在行政处罚情况的，监督检查环节的相关档案可纳入行政处罚案卷进行保存。

二、行政检查文书

气象行政检查文书主要用于"双随机、一公开"监督检查或专项检查，主要包括气象行政检查卷宗、卷内目录、气象行政检查记录表、气象行政检查现场情况报告、气象行政检查现场处理决定书、气象行政检查责令限期整改决定书、气象行政检查复查意见书、气象行政检查复查报告等八个模板。

各单位在此基础上，根据实际工作需要，对尚未提供又确需的文书制定了模板。

各种文书样式详见如下。

气象行政检查

卷　　宗

（　　）气检卷〔　　〕号

检查事项		
当事人基本情况	单位或姓名	
	统一社会信用代码或身份证	
	地址或住址	
检查情况		
检查结果		

检查日期	年　月　日	复查日期	年　月　日
归档日期	年　月　日	保存期限	

归档号　　　年　　号	本卷共　　件　　页	承办人：

卷 内 目 录

序号	文书材料原编字号	日期	标 题	页 号	备 考
1					
2					
3					
4					
5					
6					
7					
8					
9					
10					

气象行政检查记录表

检查时间	年 月 日 时 分至 日 时 分		
检查单位(盖章)			
被检查单位名称		法定代表人	
统一社会信用代码			
联系电话		邮箱	
被检查单位地址			
执法检查人员(姓名、执法证件号码)			
记录人			
检查情况(检查内容、方法和结果)	检查结果示例(1.未发现问题;2.发现问题已责令整改;3.不配合检查情节严重;4.登记的住所(经营场所)无法联系;5.未按规定公示应当公示的信息;6.公示信息隐瞒真实情况弄虚作假;7.未发现本次抽查涉及的经营活动;8.发现问题待后续处理;9.其他)		
处理意见			
被检查单位意见	同意 □ 不同意 □		
被检查单位法定代表人或者被检查人签字或押印			
检查人签名			
记录人签名			

年 月 日 时 分

气象行政检查现场情况报告

被检查单位名称					
检查人员				记录人员	
检查时间		检查地点			

现场检查基本情况摘要:

被检查 单位意见	法定代表人(签名、盖章): 　　　　　　年　月　日
检查人员 意见(检查结果)	检查人员(签名): 　　　　　　年　月　日
检查单位 意见	检查单位(盖章): 　　　　　　年　月　日

注:本文书一式两份,一份交当事人,一份留存。

气象行政检查现场处理决定书

（　　）气现决〔　　〕　号

...................................：

　　本机关于_____年____月____日现场检查时，发现你单位有下列违法违规行为和事故隐患：

　　1. _____；

　　2. _____；

　　3. _____。（可另附页）

以上问题存在较大安全隐患，依据_____

_____的规定，现作出如下现场处理决定：

　　1. _____；

　　2. _____；

　　3. _____。（此可另附页）

如果不服本决定，可以依法在60日内向_____人民政府或者_____申请行政复议，或者在6个月内依法向_____人民法院提起行政诉讼，但本决定不停止执行，法律另有规定的除外。

气象行政执法检查人员(签名)：_____　证号：_____

　　　　　　　　　　　　　　　　　　　　　　证号：_____

被检查单位负责人(签字盖章)：_____

××气象局(印章)

年　月　日

注：本文书一式两份，一份交当事人，一份留存。

气象行政检查责令限期整改决定书

（　　）气责改〔　　〕号

_____：

　　本机关于_____年_____月_____日现场检查时，发现你单位存在如下问题：

　　1._____；

　　2._____；

　　3._____。（可另附页）

　　依据_____的规定，现责令你单位对上述问题于_____年_____月_____日前整改完毕，达到有关法律法规章和标准要求。

　　整改期间，你单位应当采取措施，确保安全生产。我局将组织对你单位整改情况进行复查，若拒不整改或整改后仍然达不到法定要求和标准，我局将依法予以行政处罚。

　　如果不服本决定，可以依法在60日内向_____人民政府或者_____申请行政复议，或者在6个月内依法向_____人民法院提起行政诉讼，但本决定不停止执行，法律另有规定的除外。

　　气象行政执法检查人员（签名）：_____　证号：_____

　　　　　　　　　　　　　　　　　　　　　　　　证号：_____

　　被检查单位负责人（签字盖章）：_____

××气象局（印章）

年　月　日

未送达或者无法送达的需说明理由：

注：本文书一式两份，一份交当事人，一份留存。

气象行政检查复查意见书

（　　）气复查〔　　〕号

．．．．．．．．．．．．．．．．．．．．．．：

本机关于．．．．．．．．．．年．．．．．．月．．．．．．日作出了．．．．．．．．．．．．．．．．．．．．．．

的决定〔（　）气责改〔　〕（　）号〕,经对你单位整改情况进行复查,提出如下意见：

．．

．．

．．

．．

．．

．．

气象行政执法检查人员（签名）：．．．．．．．．．．．．．．．．．．．．．．　证号：．．．．．．．．．．．．．．．．．．．．．．

证号：．．．．．．．．．．．．．．．．．．．．．．

被检查单位负责人（签字盖章）：．．．．．．．．．．．．．．．．．．．．．．

××气象局（印章）

年　月　日

未送达或者无法送达的需说明理由：

注：本文书一式两份,一份交当事人,一份留存。

气象行政检查复查报告

被复查单位名称					
复查人员				记录人员	
复查时间		复查地点			

现场复查基本情况摘要：

被复查 单位意见	法定代表人(签名、盖章)： 　　　　年　月　日
复查人员 意见(检查结果)	复查人员(签名)： 　　　　年　月　日
复查单位意见	复查单位(盖章)： 　　　　年　月　日

注：本文书一式两份，一份交当事人，一份留存。

第四节 防雷安全行政执法

行政执法工作流程包括简易行政处罚和一般行政处罚两类。

一、简易行政处罚工作流程

行政处罚的简易程序又称当场处罚程序,指行政处罚主体对于事实清楚、情节简单、后果轻微的行政违法行为,当场作出行政处罚决定的程序。简易行政处罚工作流程如图3-2所示。

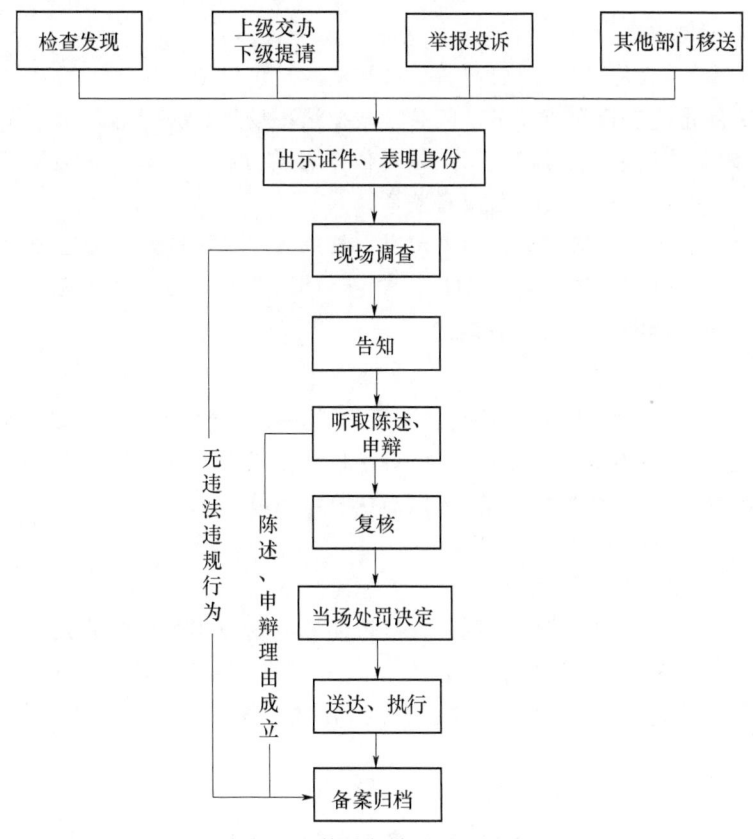

图 3-2 简易行政处罚流程图

(一)案件来源

日常监督检查中发现、上级交办、下级报请、举报投诉、相关部门移送。

(二)出示证件、表明身份

在执法现场,执法人员不得少于2名,并必须出示合法的、有效期内的行政执法证件,表明身份,说明来意。

注意事项:可携带执法记录仪,可邀请相关专家参加。

(三)现场调查

执法人员通过调查询问和现场勘查等方式查清当事人的违法事实,并制作《气象行政执法调查询问笔录》和《气象行政执法现场勘验检查笔录》,必要时录音或录像。

相关文书:《气象行政执法调查询问笔录》《气象行政执法现场勘验检查笔录》。

注意事项：涉及机密或隐私时，执法人员应采取必要保密措施。

（四）告知

执法人员根据现场调查情况，明确行政处罚意见，并向当事人说明违法事实、气象行政处罚的理由和依据，并告知当事人依法享有的权利。

（五）听取陈述和申辩

执法人员听取当事人的陈述和申辩，并将相关内容记入《气象行政执法调查询问笔录》。对当事人提出的事实、理由和证据成立的，应当予以采纳。

相关文书：《气象行政执法调查询问笔录》。

（六）当场处罚决定

在查清违法事实、收集确凿证据的前提下，执法人员可以依法作出当场处罚决定，制作《气象行政执法责令停止违法行为通知书》《气象行政执法现场处罚决定书》。《气象行政执法现场处罚决定书》必须载明当事人的违法行为、处罚依据、处罚内容、当事人陈述申辩采纳情况、处罚时间、处罚地点，并由执法人员签名或者盖章。

相关文书：《气象行政执法现场处罚决定书》《气象行政执法责令停止违法行为通知书》。

注意事项：《气象行政执法现场处罚决定书》应对当事人是否行使了陈述、申辩权有所体现。现场处罚仅限警告和一定数量的罚款。

（七）送达、执行

执法人员将《气象行政执法责令停止违法行为通知书》《气象行政执法现场处罚决定书》当场送达当事人，告知其享有的行政复议、行政诉讼权利。当事人应签字确认，并执行处罚决定。

针对罚款项目，有下列情形之一的，可以当场收缴罚款：

（1）依法给予20元以下罚款；

（2）不当场收缴事后难以执行的；

（3）在边远、水上、交通不便地区，执法人员依照本办法作出处罚决定后，当事人向指定银行缴纳罚款有困难而提出当场缴纳罚款的。

依法不可以当场收缴罚款的，执法人员应当告知当事人在15日内到指定的银行缴纳罚款。

相关文书：罚款收据。

注意事项：①执法人员当场收缴的罚款，必须向当事人出具地方财政部门统一制发的罚款收据，并将罚款自收缴之日起2日内上缴所属气象主管机构。气象主管机构应当在2日内，将罚款缴付指定的银行。②当事人拒绝接收执法文书的，应按有关规定进行送达。

（八）备案归档

执法人员当场作出的行政处罚决定，必须在决定之日起3日内报所属气象主管机构备案。现场处罚执行完毕的案件，执法人员应收集整理全部执法档案材料，经执法机构负责人核验后立卷归档，并交由专人负责保存备查。归档范围和质量要求可以参考行政检查工作流程相关内容。

二、一般行政处罚工作流程

行政处罚的一般程序也称普通程序，指除法律特别规定应当适用简易程序的以外，行政处罚实施机关依法对行政违法行为实施行政处罚，进行行政制裁时通常所应遵循的方式与步骤详见图 3-3。

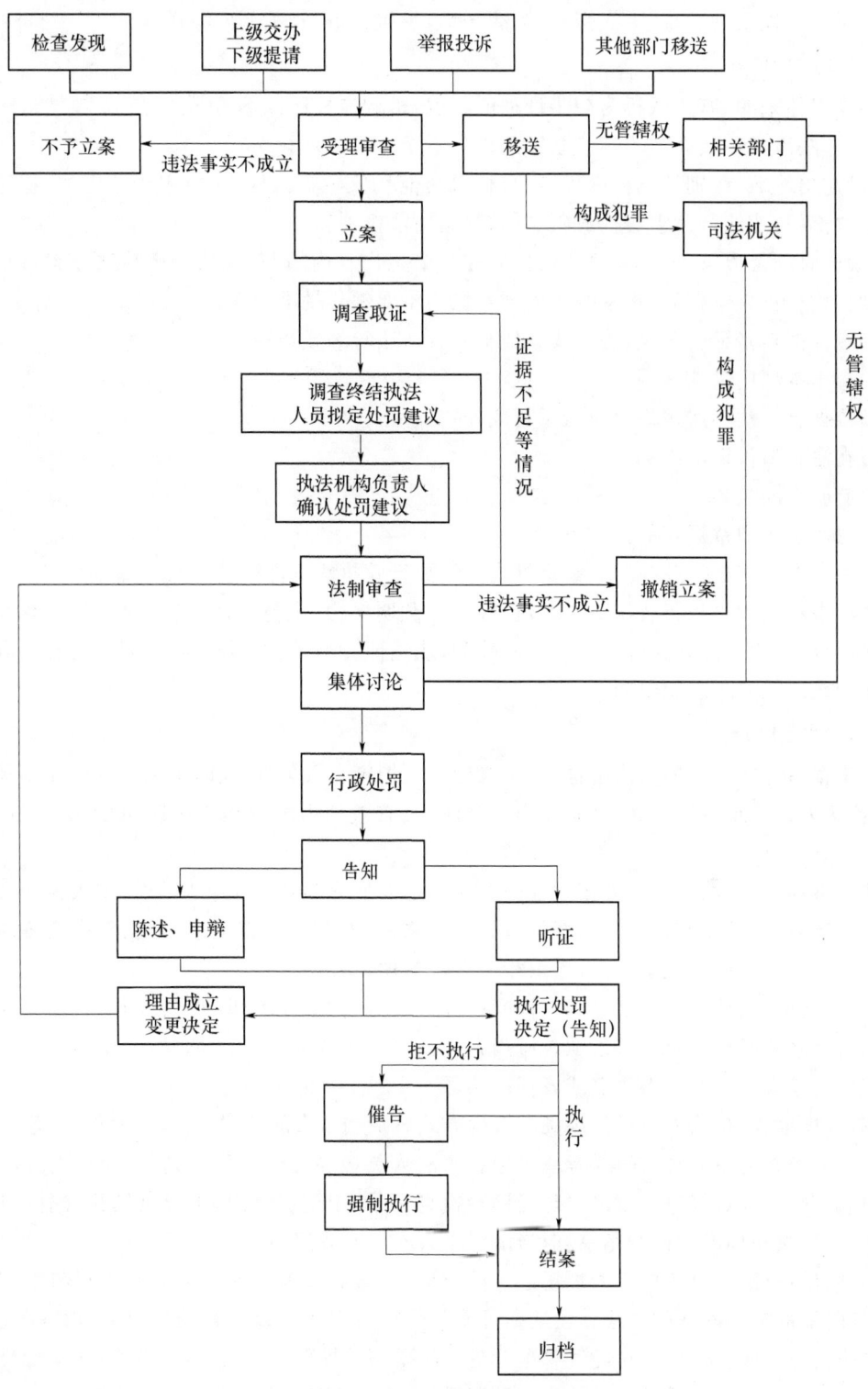

图 3-3 一般行政处罚流程图

（一）案件来源

日常监督检查中发现、上级交办、下级报请、举报投诉、相关部门移送。

（二）受理审查

根据案件来源，有违法行为初步证据的，执法机构应按照以下情况执行：

(1)违法事实不成立或不满足立案条件的不予立案。

(2)超出地域、级别管辖范围规定的，移送其他气象主管机构；超出主管范围的，移送其他行政执法部门；违法行为涉嫌构成犯罪的，移送司法机关。

(3)同时满足以下条件的，执法机构应在7个工作日内填写《气象行政执法立案审批表》，经法制机构负责人审核后，报本级气象主管机构主要领导批准立案：

1)有证据初步证明公民、法人或其他组织有违法行为或嫌疑；

2)属于本部门管辖范围；

3)依据有关法律法规规章应给予行政处罚；

4)在法定追诉期限内；

5)有明确的当事人；

6)法律法规规章规定的其他条件。

相关文书：《气象行政执法立案审批表》《气象行政执法案件移送书》。

注意事项：①《气象行政执法立案审批表》应载明案由、案件来源、名称、当事人、案件基本情况等内容，并明确承办人（两名以上）的姓名、执法证件编号、申请时间、签署意见等。②批准之日即为案件的办理起始时间。

（三）调查取证

经审查后立案的气象违法案件，执法机构必须指定专人负责，及时组织调查取证。调查取证时，执法人员不得少于2名，并必须出示合法的、有效期内的行政执法证件，表明身份，说明来意。

注意事项：①执法人员在办案过程中发现满足以下情形之一的应当回避：本人为当事人或当事人近亲属；本人或其近亲属与案件有利害关系的；有其他利害关系，可能影响到案件公正处理的。②可携带执法记录仪，可邀请相关专家参加。

(1)询问调查：执法人员通过调查询问的方式查清当事人违法事实，并制作《气象行政执法调查询问笔录》，必要时录音或录像。应当允许当事人作辩解陈述，并将情况记入《气象行政执法调查询问笔录》，由当事人签名或者押印认可。

(2)现场勘查：执法人员通过现场勘查的方式查清当事人的违法事实，并制作《气象行政执法现场勘验检查笔录》，必要时录音或录像。执法人员应当通知当事人到场，无正当理由拒不到场的，承办人员在《气象行政执法现场勘验检查笔录》中记明情况，不影响勘验检查的进行。《气象行政执法现场勘验检查笔录》应当由当事人签名或者押印。

(3)取证：执法人员有权进入现场进行调查取证，查阅或者复制有关记录和资料。收集证据时，可以采取抽样取证的方法。在证据可能灭失或者以后难以取得的情况下，填写《气象行政执法证据登记保存审批表》，经气象主管机构主要领导批准后，向当事人送达《气象行政执法证据登记保存通知书》，对相关证据先行登记保存，并在7日内及时作出处理决定。

相关文书：《气象行政执法通知书》《气象行政执法调查询问笔录》《气象行政执法现场勘验检查笔录》《气象行政执法证据登记保存审批表》《气象行政执法证据登记保存通知书》《气象行

政执法解除证据登记保存审批表》《气象行政执法解除证据登记保存通知书》《气象行政执法鉴定委托书》《气象行政执法责令停止违法行为通知书》。

注意事项：①调查取证过程中，可以邀请法定检验（检定）机构人员或有关技术人员参加，也可根据需要委托相关机构进行鉴定。②执法人员调查取证过程中，涉及国家机密，行业、技术、商业、业务秘密及个人隐私的应采取保密措施。③必要时，可当场出具《气象行政执法责令停止违法行为通知书》。

（四）拟定处罚建议

调查取证环节结束后，案件承办人员应根据已查明违法事实和证据，依法提出给予行政处罚的初步建议。

（五）确认处罚建议

执法机构负责人（执法支队队长或相关科室负责人）对承办人员查明的违法事实、证据、取证程序及给出的初步处罚建议进行审核确认。

注意事项：县级气象主管部门可由分管领导确认处罚建议。

（六）法制审查

(1)属于重大行政执法案件的，承办人员应当提交以下材料，报法制机构进行审核：

1）拟作出的重大行政执法决定情况说明；

2）拟作出的重大行政执法决定建议；

3）相关证据材料；

4）经听证的，应当提交听证笔录；

5）经鉴定的，应当提交鉴定结论；

6）其他有关材料。

其中，拟作出的重大行政执法决定情况说明应当载明以下内容：案件基本事实；适用法律、法规、规章和执行裁量基准的情况；行政执法机关主体资格及执法人员资格情况；调查取证和听证情况；其他需要说明的情况。

(2)气象部门法制机构对承办人员提交的材料进行法制审查，并出具书面形式的《气象重大行政执法决定法制审核意见书》（法制机构负责人签字确认）。

法制审核内容包括：执法机关主体是否具备执法主体资格，行政执法人员是否具备执法资格；是否超越本机关职权范围；违法事实是否清楚，证据是否确凿；执法程序是否合法、正当；适用法律是否正确；处罚种类和幅度是否适当；执法文书制作是否规范；当事人陈述和申辩理由是否成立；其他应当审核的内容。

如发现违法事实不清、证据不足或者调查取证不符合法定程序等情况，应当通知承办人员补充调查取证或者依法重新调查取证。如发现违法事实不能成立的，应撤销案件。

相关文书：《气象重大行政执法决定法制审核意见书》。

注意事项：①可参考法律顾问意见，但不得由法律顾问代替法制机构进行合法性审查、出具审查意见。②县级气象主管部门的行政执法案件可以书面提请市级气象主管部门法制机构进行法制审查。

（七）集体讨论

案件违法事实成立的，应当召开局专题办公会集体讨论。局主要领导、分管领导、法制机构和执法机构负责人以及案件具体承办人员参与讨论，承办人员同时负责记录集体讨论情况，形成《气象行政执法案件讨论记录》,并依法作出行政处罚决定。其中,违法行为轻微且依法可以不予处罚的,可免于当事人的行政处罚;法律法规规定由有关部门实施处罚的,应移送有关部门处理;涉嫌构成犯罪的,移送司法机关处理。

相关文书:《气象行政执法案件讨论记录》《气象行政执法案件移送书》。

注意事项:①除简易处罚程序外,其他行政处罚决定原则上都应当进行集体讨论。②参会成员应当对案件事实、证据、执法程序、处罚依据、处罚幅度等进行充分讨论,发表意见,根据少数服从多数的原则形成结论性意见;讨论记录应由参会人员签名确认,并纳入案件卷宗。

(八)处罚告知

当事人依法对案件处理结果享有知情权。气象主管机构在给予当事人行政处罚之前,应根据"集体讨论"环节明确的处罚决定内容填写《气象行政执法行政处罚告知书》,书面告知当事人作出行政处罚的事实、理由、依据以及当事人依法享有的陈述、申辩和听证权利。

相关文书:《气象行政执法行政处罚告知书》。

注意事项:处罚决定之前必须对当事人进行处罚告知。

(九)陈述和申辩

当事人收到《气象行政执法行政处罚告知书》之日起 3 日内可以提出陈述、申辩意见。如当事人陈述和申辩的理由成立,气象主管机构应当采纳并依法进行处理,后续流程从"法制审查"环节起继续执行。逾期未提出的陈述、申辩要求的,气象主管机构可以依法作出气象行政处罚决定。

注意事项:陈述和申辩内容可记录在《气象行政执法调查询问笔录》中或单独进行记录。

(十)听证程序

依照气象法律法规规章作出吊销许可证(资质证)或者较大数额罚款等重大行政处罚决定之前,适用听证程序。

(1)适用听证程序的行政处罚案件,在作出处罚决定之前,应书面告知当事人有要求听证的权利,《气象行政执法听证告知书》和《气象行政执法行政处罚告知书》同时制作和送达当事人。当事人要求听证的,气象主管机构应当组织听证,当事人不承担组织听证的费用。

(2)听证程序的组织流程:

1)当事人申请听证的,应当在气象主管机构告知后 3 日内提出;

2)气象主管机构应当在听证的 7 日前,通知当事人举行听证的时间、地点;

3)除涉及国家秘密、商业秘密或者个人隐私外,听证公开进行;

3)听证主持人由法制机构的非本案调查人员主持,无法制机构的,由气象主管机构指定的非本案调查人员主持;

4)当事人可以亲自听证,也可以委托 1~2 人代理参加听证;

5)当事人认为主持人与本案有直接利害关系的,有权申请回避,由主持人报气象主管机构主要领导决定是否接受;

6)听证由当事人、调查人员、证人以及与本案处理结果有直接利害关系的第三人参加;

7)举行听证时,调查人员提出当事人违法的事实、证据、处罚依据以及行政处罚建议;

8)当事人就案件的事实进行陈述和申辩,提出有关证据,对调查人员提出的证据进行质证;

9)在听证过程中,主持人可以向调查人员、当事人、证人或者第三人发问,有关人员应当如

实回答;

10)听证必须制作《气象行政执法听证笔录》,并经过当事人签字或者押印确认;

11)听证结束后,主持人应当及时将《气象行政执法听证报告》报送气象主管机构主要领导审核,作出处理决定。

(3)对于应当采纳听证意见的,气象主管部门应当采纳并依法进行处理,后续流程从"法制审查"环节起继续执行。逾期未提出听证要求的,气象主管机构可以依法作出气象行政处罚决定。

相关文书:《气象行政执法听证告知书》《气象行政执法听证笔录》《气象行政执法听证报告》。

(十一)行政处罚决定

对于依法决定给予气象行政处罚的案件,由承办人员制作《气象行政执法行政处罚决定审批表》,经法制机构审核和气象主管机构主要领导批准后,填写《气象行政执法责令停止违法行为通知书》《气象行政执法行政处罚决定书》。《气象行政执法行政处罚决定书》应载明法律规定的以下事项:

(1)当事人姓名(名称)、住址(地址);

(2)违法事实和证据;

(3)行政处罚的依据和内容;

(4)行政处罚的履行方式和期限;

(5)不服行政处罚决定,申请行政复议或者提起行政诉讼的途径和期限;

(6)加盖气象主管机构的印章,并写明制作日期。

相关文书:《气象行政执法行政处罚决定审批表》《气象行政执法行政处罚决定书》《气象行政执法责令停止违法行为通知书》。

注意事项:气象行政处罚案件自立案之日起,应在6个月内作出处理决定。特殊情况需要延长时间的,应报上级气象主管机构批准并书面告知案件当事人。

(十二)送达、执行

(1)执法人员应当在作出处罚决定后7日内送达当事人,并根据需要将副本抄送与案件有关的单位。当事人收到处罚决定后,应在《气象行政执法送达回证》上记明收到日期,并签名或者盖章。送达回证上的签收日期即为送达日期,邮寄送达以挂号回执上注明的日期为送达日期。

1)受送达人拒绝签收的,送达人应当邀请有关基层组织或者受送达人所在单位人员到场见证,说明情况,并在送达回执上记明拒收理由和日期,由送达人、见证人签名或者盖章,把处罚决定书留置受送达人处,即视为送达。

2)受送达人不在,可由其所在单位领导或者成年家属代为签收。

3)受送达人下落不明,或者用其他方式无法送达的,可以公告送达。自发布公告之日起,经过60日,即视为送达。公告送达,应当在案卷中注明原因和经过。

(2)当事人应在规定期限内履行处罚决定:

1)当事人应当自收到气象行政处罚决定书之日起15日内,到指定的银行缴纳罚款;

2)当事人到期不缴纳罚款的,作出处罚决定的气象主管机构可以每日按罚款数额的3%对当事人加处罚款;

3)当事人对加收罚款有异议的,应当先缴纳罚款和逾期加收的罚款,再依法申请行政

复议;

4)罚没款按照收支两条线的规定全部上缴国库,气象主管机构或者个人不得以任何方式截留、私分或者变相私分,对罚没款的具体管理,按照当地财政部门的规定执行。

对已作出的行政处罚决定不服或有异议,可以申请行政复议或提起行政诉讼。对当事人逾期不履行行政处罚决定又不申请复议或提起诉讼的,经局主要领导同意后,可由气象主管机构向有管辖权的人民法院申请强制执行,案件终结。

相关文书:《气象行政执法送达回证》《气象行政执法强制执行申请书》。

注意事项:①申请行政复议或者提起行政诉讼的,不停止行政处罚决定的执行。②气象主管机构经过行政复议,发现下级气象主管机构作出的行政处罚违法或者显失公正的,可以依法撤销或者变更。③罚款时,应出具财政部门统一制发的收据。

(十三)结案

案件处理终结时,由承办人员对案件办理过程进行文字总结,撰写《气象行政执法结案报告》,并履行结(销)案手续,填写《气象行政执法结(销)案审查表》,经执法机构负责人确认和法制机构负责人审核后,报气象主管机构主要领导审批。

相关文书:《气象行政执法结案报告》《气象行政执法结(销)案审查表》。

(十四)备案归档

执法人员必须在结案之日起3日内报所属气象主管机构备案,并按照"一案一档"原则汇总案件相关材料和文书,经执法机构负责人核验后立卷归档,并交由专人负责保存备查。归档范围和质量要求可以参考行政检查工作流程相关内容。

相关文书:《气象行政执法卷宗》《卷内目录》《备考表》等。

注意事项:①下级气象主管机构对上级指定办理的处罚案件、适用听证程序的处罚案件或者申请行政复议、提起行政诉讼的处罚案件,应当在作出行政处罚决定或者行政复议、行政诉讼结案后30日内向上级气象主管机构备案。②气象主管机构通过接受当事人的申诉和检举,或者通过备案审查等途径,发现下级气象主管机构作出的行政处罚违法或者显失公正的,可以责令整改。③可按年度、行业、地区分类,以每个被监管单位形成的文件材料为保管单位整理,按形成时间顺序排列。

三、气象行政执法基本文书

气象行政执法文书主要用于气象行政处罚,主要包括以下:气象行政执法案卷(封皮)、卷内目录、气象行政执法立案审批表、气象行政执法调查询问笔录、气象行政执法现场勘验检查笔录、气象行政执法责令停止违法行为通知书、气象行政执法证据登记保存审批表、气象行政执法证据登记保存通知书、气象行政执法解除证据登记保存审批表、气象行政执法解除证据登记保存通知书、气象行政执法鉴定委托书、气象行政执法行政处罚告知书、气象行政执法通知书、气象行政执法听证告知书、气象行政执法听证通知书、气象行政执法听证笔录、气象行政执法听证报告、气象行政执法案件讨论记录、气象行政执法行政处罚决定审批表、气象行政执法行政处罚决定书、气象行政执法送达回证、气象行政执法现场处罚决定书、气象行政执法案件移送书、气象行政执法强制执行申请书、气象行政执法结案报告、气象行政执法结(销)案审查表、气象重大行政执法决定法制审核意见书、备考表等二十八个模板。

气 象 行 政 执 法 案　　卷 （　）气案〔　〕号				
案件类别				
当事人 基本情况	单位或姓名			
	统一社会信用 代码或身份证			
	地址或住址			
案由				
处理结果				
立案日期	年　月　日		结案日期	年　月　日
归档日期	年　月　日		保存期限	
归档号　　年　　号			本卷共　件　页	案件承办人：

注：1. 不予立案的有关文书另卷保存；
　　2. 保存期限，包括短期 10 年、长期 30 年和永久。简易程序类和无行政处罚类采用短期保存；行政处罚类采用长期保存；重大行政处罚类采用永久保存（采用档案保存期限的计算方法）。

卷 内 目 录

序号	文书材料原编字号	日 期	标 题	页号	备考
1					
2					
3					
4					
5					
6					
7					
8					
9					
10					
11					
12					
13					

气象行政执法
立案审批表
( )气立案〔 〕 号

案件类别	
案件来源	注明案件是来自现场检查、举报、交办还是移送等内容
案情摘要	
案件承办人员意见	承办人： 年 月 日
法制机构审核意见	审核人： 年 月 日
本级气象主管机构负责人审批意见	批准人： 年 月 日

注：法制机构意见栏由地(市)级以上气象主管机构的法制机构填写，县级气象主管机构本栏可不填写。

气象行政执法
调查询问笔录

共　页第　页

调查(询问)时间：_____年_____月_____日_____时_____分至_____日_____时_____分

调查(询问)地点：_____

调查(询问)人：_____ 证件号码：_____

记录人：_____ 证件号码：_____

被调查(询问)人：_____ 性别：_____ 年龄：_____

工作单位：_____ 职务：_____ 电话：_____

地址(住址)：_____ 身份证号：_____

我们是_____气象局行政执法人员_____、_____，证件号码为_____、_____，这是我们的执法证件(出示证件)。我们依法向你了解有关情况，请配合。

_____

_____

_____

被调查(询问)人意见及签名或押印：　　　　　　　　　年　月　日　时　分

调查(询问)人签名：　　　　　　　　　　　　　　　　年　月　日　时　分

记录人签名：　　　　　　　　　　　　　　　　　　　年　月　日　时　分

注：被调查(询问)人应在笔录逐页签名或押印，如有涂改之处，应在涂改之处签名或押印；并在笔录终了处注明"此记录属实"字样和调查结束时间。

气象行政执法
笔录续页

共　　页第　　页

被调查(询问)人意见及签名或押印：　　　　　　　　　　　年　月　日　时　分

调查(询问)人签名：　　　　　　　　　　　　　　　　　　年　月　日　时　分

记录人签名：　　　　　　　　　　　　　　　　　　　　　　年　月　日　时　分

注：被调查(询问)人应在笔录逐页签名或押印，如有涂改之处，应在涂改之处签名或押印；并在笔录终了处注明"此记录属实"字样和调查结束时间。

气象行政执法
现场勘验检查笔录

共 页 第 页

检查时间：_____年_____月_____日_____时_____分至_____日_____时_____分

被检查单位(人)：_____ 法定代表人：_____

性别：_____ 年龄：_____ 职务：_____ 电话：_____

地址(住址)：_____

检查场所：_____

检查人：_____ 记录人：_____

  我们是 _____ 气象局行政执法人员 _____、_____，证件号码为 _____、_____，这是我们的执法证件(出示证件)。我们依法向你了解有关情况，请配合。

  检查情况：_____
_____
_____

被检查单位(人)对检查的意见：_____

被检查单位法定代表人或被检查人签名或押印：_____

检查人签名：_____ 记录人签名：_____

年 月 日 时 分

气象行政执法
责令停止违法行为通知书
（　　）气停〔　　〕　　号

_____：

　你（单位）_____，

违反了_____，

根据_____的规定，现责令你（单

位）停止下列违法行为：

....

....

....

于_____年_____月_____日前予以改正或_____

_____。

逾期不予改正的，我局将按照_____的规定，进行处罚。

当事人：　　　　　　行政执法人员：　　　　　　气象主管机构：

（签名或押印）　　　　　（签名）　　　　　　　　　（印章）

　　　　　　　　　　　　　　　　　　　　　　　　年　　月　　日

注：本文书一式两份，一份交当事人，一份留存。

气象行政执法
证据登记保存审批表

被保存物品持有(所有)人	单位(人)名称(姓名)		法定代表人	
	性别		年龄		职务	
	电话					
	地址(住址)					

保存物品清单	名称	规格型号	单位	数量	备注

案件承办人员意见	承办人：　　　　　　　　　　年　月　日

法制机构审核意见	审核人：　　　　　　　　　　年　月　日

本级气象主管机构负责人审批意见	批准人：　　　　　　　　　　年　月　日

注：法制机构意见栏由地(市)级以上气象主管机构的法制机构填写，县级气象主管机构本栏可不填写。

气象行政执法
证据登记保存通知书

（　　）气存〔　　〕　　号

_____：

因_____案件调查的需要，为确保调查取证工作，根据《中华人民共和国行政处罚法》第三十七条第二款的规定，我局决定对你（单位）的下列证据清单物品予以登记保存。登记保存期间，不准使用、销售或转移，不得改变其原有状态。

登记保存期限：_____年_____月_____日至_____年_____月_____日

登记保存地点：_____

证据登记保存物品清单

序号	名　称	规格型号	单位	数量	备注

被保存物品持有（所有）人签名或押印：

（印　章）

年　月　日

本文书一式两份，一份交当事人，一份留存。

气象行政执法
解除证据登记保存审批表

被解存物品持有(所有)人	单位(人)名称(姓名)		法定代表人	
	性别		年龄		职务	
	电话					
	地址(住址)					

解存物品清单	名称	规格型号	单位	数量	备注

案件承办人员意见	
	承办人：　　　　　　　　　年　月　日

法制机构审核意见	
	审核人：　　　　　　　　　年　月　日

本级气象主管机构负责人审批意见	
	批准人：　　　　　　　　　年　月　日

注：法制机构意见栏由地(市)级以上气象主管机构的法制机构填写，县级气象主管机构本栏可不填写。

气象行政执法
解除证据登记保存通知书
( )气解〔 〕 号

..................................:

　　你(单位)的下列清单物品,依法于 _____ 年 ____ 月 ____ 日予以登记保存,见( )气存〔 〕号。经研究决定解除登记保存,作如下处理:

　　1. ....

　　2. ....

解存物品清单

序号	名　　称	规格型号	单位	数量	存放地点

被解存物品持有(所有)人签名或押印:

(印　章)
年　月　日

本文书一式两份,一份交当事人,一份留存。

气象行政执法
鉴定委托书

_____：

因调查案件的需要,我局现委托你(单位)对下列内容进行鉴定。

鉴定内容：_____

_____

_____

_____

鉴定要求：_____

_____

_____

请于_____年_____月_____日前向我局提供鉴定结果。

联系人：_____ 联系电话：_____。

（印　章）

年　月　日

注：请提出明确结论性意见,注明鉴定日期,加盖鉴定机构印章并由鉴定人员签名或者盖章。

气象行政执法
行政处罚告知书

（　　　　）气罚告〔　　　　〕　号

告知人：..........................

被告知单位（人）：..................法定代表人................

性别：..........年龄：..........职务：..........电话：..................

地址（住址）：..........................

　　告知内容：我们是..........气象局的执法人员..................和..........，证件号码是..................和

..................，受..................气象局的委托，特转告你以下事项：

　　1. 违法事实：..

....

....

　　2. 以上事实已违反..................，依据..................的规定，..................将给予以下行

政处罚：..

....

　　3. 如对上述处罚有异议，根据《中华人民共和国行政处罚法》第三十一条和第三十二条的规定，你（单位）有权在收到本

告知书之日起 3 日内向..................气象局进行陈述和申辩，逾期不提出申请的，视为放弃上述权利。

　　地址：..................邮政编码：..................

　　联系人：..................电话：..................

（印　　章）

年　月　日

本文书一式两份，一份交当事人，一份留存。

气象行政执法
通　知　书

（　　）气通〔　　　〕　号

被通知单位	
被通知人	
通知事项	
应到时间	年　月　日　时
应到处所	
注意事项	
<div style="text-align:right">（印　章） 年　月　日</div>	

注：本通知书适用于通知当事人及其他人员接受调查、询问或者听证时间、地点等事项时使用。

本文书一式两份，一份交当事人，一份留存。

第三章　强化防雷安全监管

气象行政执法
听证告知书

（　　　）气听告〔　　　〕　号

………………………………：

　　由我局立案调查的＿＿＿＿＿＿＿＿＿＿一案，已经我局调查终结。根据＿＿＿＿＿＿＿＿＿＿的规定，现将我局拟对你（单位）作出行政处罚的事实、理由、依据及种类告知如下：

＿＿

＿＿

＿＿

＿＿

＿＿

　　根据《中华人民共和国行政处罚法》的有关规定，你（单位）有要求举行听证的权利。如要求举行听证的，请在收到此通知之日起三日内向我局提出。逾期未提出的，视为放弃上述权利。

　　本局地址：＿＿＿＿＿＿＿＿＿＿　　邮政编码：＿＿＿＿＿＿＿＿＿＿

　　联系人：＿＿＿＿＿＿＿＿＿＿　　电话：＿＿＿＿＿＿＿＿＿＿

（印　章）
年　月　日

　　本文书一式两份，一份交当事人，一份留存。

气象行政执法
听证通知书

( )气听通〔 〕 号

_____：

根据你（单位）申请，关于_____一案，现定于____年____月____日____时____分在_____（公开、不公开）举行听证会议，请准时出席。

听证主持人姓名_____ 职务_____

听证员姓名_____ 职务_____

听证员姓名_____ 职务_____

书记员姓名_____ 职务_____

根据《中华人民共和国行政处罚法》第四十二条的规定，你（单位）可以申请听证主持人回避。

注意事项：

1. 请事先准备相关证据，通知证人和委托代理人准时参加。

2. 委托代理人参加听证的，应当在听证会前向本机关提交授权委托书等有关证明。

3. 申请延期举行的，应当在举行听证会前向本机关提出，由本机关决定是否延期。

4. 不按时参加听证会且未事先说明理由的，视为放弃听证权利。

特此通知。

本局地址：_____ 邮政编码：_____

联系人：_____ 电话：_____

（印 章）
年 月 日

本文书一式两份，一份交当事人，一份留存。

气象行政执法
听证笔录

共　　页第　　页

听证时间：_____年_____月_____日_____时_____分至_____时_____分

听证地点：_____

听证主持人：_____　　职务：_____

记录人：_____

翻译：_____

案件承办人：_____　　单位：_____

听证申请单位(人)：_____　　地址(住址)：_____

法定代表人(人)：_____　性别：_____　年龄：_____

工作单位及职务：_____　　电话：_____

委托代理人(1)：_____　性别：_____　年龄：_____

工作单位及职务：_____　　电话：_____

委托代理人(2)：_____　性别：_____　年龄：_____

工作单位及职务：_____　　电话：_____

其他参加人：_____　性别：_____　年龄：_____

工作单位及职务：_____　　电话：_____

听证记录：_____

_____

_____

_____

_____

听证主持人签名：_____

听证参加人签名或押印：_____

注：听证申请人应在笔录逐页签名或押印，如有涂改之处，应在涂改之处签名或押印；并在笔录终了处注明"此记录属实"字样和听证结束时间。

气象行政执法
听证报告

( )气听报〔 〕 号

案件名称					
主持人		听证员		书记员	
听证时间		听证地点			

听证会基本情况摘要:(详见听证会笔录,笔录附后)

当事人意见	

主持人意见(听证结论)	

主持人(签名):
年 月 日

负责人审核意见	

负责人(签名):
年 月 日

气象行政执法
案件讨论记录

共　　页　第　　页

案由：

时间：　　年　　月　　日　　时至　　时

地点：

主持人：

出席人员姓名及职务：

列席人员姓名及职务：

讨论记录：

(续 页)

共 页 第 页

案件处理意见：

出席人员签名：

年　月　日

气象行政执法
行政处罚决定审批表

被处罚单位(人)：＿＿＿＿＿＿　法定代表人＿＿＿＿＿＿＿＿	
性别：＿＿＿＿　年龄：＿＿＿＿　职务：＿＿＿＿＿＿	
统一社会信用代码(或身份证号)：＿＿＿＿＿＿＿＿＿＿＿＿	
联系方式：＿＿＿＿＿＿＿＿＿＿＿＿＿＿＿＿	
地址(住址)：＿＿＿＿＿＿＿＿＿＿＿＿＿＿＿＿	

违法事实 法律依据 处罚决定	 承办人：　　　年　月　日
法制机构 审核意见	 审核人：　　　年　月　日
本级气象主管机构 负责人审批意见	 批准人：　　　年　月　日

注：法制机构意见栏由地(市)级以上气象主管机构的法制机构填写，县级气象主管机构本栏可不填写。

气象行政执法
行政处罚决定书
（　　）气罚〔　　〕号

被处罚单位(人)：＿＿＿＿＿＿＿＿　法定代表人：＿＿＿＿＿＿＿＿＿

性别：＿＿＿＿　年龄：＿＿＿＿　职务：＿＿＿＿＿　电话：＿＿＿＿＿＿

统一社会信用代码(或身份证号)：＿＿＿＿＿＿＿＿＿＿＿＿＿＿＿＿＿

地址(住址)：＿＿＿＿＿＿＿＿＿＿＿＿＿＿＿＿＿＿＿＿＿＿＿＿＿

违法事实：＿＿＿＿＿＿＿＿＿＿＿＿＿＿＿＿＿＿＿＿＿＿＿＿＿＿

＿＿＿＿＿＿＿＿＿＿＿＿＿＿＿＿＿＿＿＿＿＿＿＿＿＿＿＿＿＿＿＿＿

＿＿＿＿＿＿＿＿＿＿＿＿＿＿＿＿＿＿＿＿＿＿＿＿＿＿＿＿＿＿＿＿＿

以上事实已违反＿＿＿＿＿＿＿＿＿，依据＿＿＿＿＿＿＿＿＿规定,作出下列行政处罚决定：

＿＿＿＿＿＿＿＿＿＿＿＿＿＿＿＿＿＿＿＿＿＿＿＿＿＿＿＿＿＿＿＿＿

请你(单位)自接到本决定书之日起 15 日内,到＿＿＿＿＿＿＿＿银行缴纳罚款,账户为：＿＿＿＿＿＿＿。

到期不缴纳罚款的,每日按罚款数额的 3％加处罚款。到期不履行处罚决定的,我单位将申请人民法院强制执行。如对以上行政处罚不服,可在接到本决定书之日起 60 日内,向＿＿＿＿＿＿＿申请行政复议或者在接到本决定书之日起 6 个月内向＿＿＿＿＿＿＿人民法院起诉。

（印　章）
年　月　日

本文书一式两份,一份交当事人,一份留存。

气象行政执法
送达回证

送达机关	××气象局印章				
受送达人(单位)					
送达地点					
送达文件名称及文号	送达方式	发送日期及具体时间	收到日期及具体时间	受送达人(单位)签名或盖章	送达人
不能送达理由					
邮寄送达回执粘贴处					
备注					

注:1. 如受送达人不在场时,可交其所在单位的领导或者同住的成年家属签收,并且在备注栏内写明与受送达人的关系。

2. 受送达人已指定代收人的,交代收人签收;受送达人为单位的,交单位收发室签收。

3. 受送达人拒绝签收的,送达人应当邀请有关基层组织的代表或其他人员到场,说明情况,并在备注栏中写明拒收理由,留下送达文件即为送达。

气象行政执法
现场处罚决定书
（　　）气现罚〔　　　　〕　号

....：

　你（单位）在 ....，违反了 ....

................................的规定，根据 ....的规定，给予

下列行政处罚：

　　1. ....

　　2. ....

　　...

　　...

当事人陈述、申辩意见：..

....

　除依法当场收缴罚款以外，请你（单位）自接到本决定书之日起15日内，............到............缴纳罚款，到期不缴纳罚款的，每日按罚款数额的3‰加处罚款。到期不履行处罚决定的，我单位将申请人民法院强制执行。如对以上行政处罚不服，可在接到本决定书之日起60日内，向............申请复议或者在接到本决定书之日起6个月内向............人民法院起诉。

| 当事人：
（签名或押印）
地点： | 行政执法人员（签名）：
执法证号： | 气象主管机构
（印　章）
　年　月　日 |

本文书一式两份，一份交当事人，一份留存。

气象行政执法
案件移送书
（　　）气移〔　　〕号

_____：

　　本单位于_____年_____月_____日对_____

一案立案调查，因在调查中发现，_____

_____，

故此案已超出本行政机关管辖范围，根据_____规定，移送贵单位对该案进一步

处理，依法追究责任。处理后，请将处理结果书面转告我单位。

附：该案件有关材料　　份　　页

（印　章）
年　月　日

本文书一式两份，一份交受移送单位，一份留存。

气象行政执法
强制执行申请书
( )气申〔   〕   号

...................人民法院：

　我局对................违反................一案，已依法给予行政处罚。该案的《行政处罚决定书》(................气罚〔   〕号)已于   年   月   日送达。由于其在法定期限内未予履行，根据法律法规规定，向你院申请强制执行下列项目：

....

....

　联系人：..................   联系电话：..................

附件1. 被申请人基本情况：

　　被申请执行单位(人)：.............. 法定代表人..............

　　性别：.......... 年龄：.......... 职务：..........

　　电话：..................

　　地址(住址)：..................

2. 行政处罚决定书(复议决定书)

3. 送达回执或其他证明材料

4. 其他有关材料

(印　章)
年　月　日

本文书一式两份，一份交法院，一份留存。

气象行政执法
结案报告

案发时间、地点及当事人基本情况：..

....

....

....

立案调查、审理情况及主要违法事实：..

....

....

....

....

行政处罚及执行情况：..

....

....

....

结案的理由：..

....

承办人：..　　　　年　　月　　日

　　　　..　　　　年　　月　　日

气象行政执法
结(销)案审查表

案由	
执行情况	
结(销)案理由	
经办人员意见	承办人：　　　　　　　年　月　日
法制机构审核意见	审核人：　　　　　　　年　月　日
本级气象主管机构负责人审批意见	批准人：　　　　　　　年　月　日
备注	处理完毕的案件附该案全部卷宗和结案报告；被撤销的案件，附有关材料。

注：法制机构意见栏由地(市)级以上气象主管机构的法制机构填写，县级气象主管机构本栏可不填写。

气象重大行政执法决定法制审核意见书
（示例1）

文号

（××气象行政执法支队或××县气象局）：

　　根据你机构××××年××月××日提交本机构要求进行重大行政执法决定法制审核的相关材料，经审核，你机构拟作出的重大行政执法决定，符合《安徽省重大行政执法决定法制审核规定》第十一条第一款第（一）项规定，同意你机构的拟办意见。

××气象局政策法规科（盖章）
年　月　日

气象重大行政执法决定法制审核意见书
（示例2）

文号

（××气象行政执法支队或××县气象局）：

　　根据你机构××××年××月××日提交本机构要求进行重大行政执法决定法制审核的相关材料，经审核，你机构拟作出的重大行政执法决定，<u>事实认定不清、证据不足，适用依据错误，行政裁量权行使不适当，违反法定程序，法律文书制作不规范</u>。（存在问题的具体理由和依据）。根据《安徽省重大行政执法决定法制审核规定》第十一条第一款第（二）项规定，请予以纠正。

××气象局政策法规科（盖章）
年　月　日

气象重大行政执法决定法制审核意见书
（示例3）

文号

（××气象行政执法支队或××县气象局）：

根据你机构××××年××月××日提交本机构要求进行重大行政执法决定法制审核的相关材料，经审核，你单位拟作出的重大行政执法决定，不属于本行政执法机关的执法权限。（不属于本机关执法权限的具体理由和依据）。根据《安徽省重大行政执法决定法制审核规定》第十一条第一款第（三）项规定，建议移送××单位依法处理。

××气象局政策法规科（盖章）
年　月　日

备 考 表

卷内共有文件　　　件,计　　　页

卷内有关情况说明(无需说明填写"无")

立卷人：　　　　　　　　　　　　　　　　　　　　检查人：

　　年　月　日　　　　　　　　　　　　　　　　　　年　月　日

检查记载					
日　期	缺损程度及原因	页号	处理结果	检查人	备注
年　月　日					

四、气象行政执法审核权限

根据气象行政处罚相关法律法规的要求,不同的气象行政执法文书需要不同角色的人员进行编制或审核、批准后才能使用。其中,需要审批的表格 9 个,需要法制机构主要负责人审批的表格 6 个,需要本级气象主管机构分管负责人审批的表格 1 个,需要主要负责人审批的表格 7 个(表 3-4)。

表 3-4 气象行政执法审核权限参照表

主要环节	主要行政执法文书	上报人	审批人	备注
	执法案卷卷内目录	案件承办人员	无	
1. 立案审批	立案审批表	案件承办人员	法制机构主要负责人 本级气象主管机构主要负责人	县级气象主管机构可不填写法制机构审核意见一栏; 重大执法决定须报市局法规科审核
2. 调查取证	调查询问笔录及笔录续页	案件承办人员	无	根据内部管理制度履行公章审批手续
	现场勘验检查笔录(含当事人陈述、申辩材料)	现场勘验检查人员	无	根据内部管理制度履行公章审批手续
	鉴定委托书	案件承办人员	无	根据内部管理制度履行公章审批手续
3. 先行登记保存证据	证据登记保存审批表	案件承办人员	法制机构主要负责人 本级气象主管机构主要负责人	
	证据登记保存通知书	案件承办人员	无	根据内部管理制度履行公章审批手续
	解除证据登记保存审批表	案件承办人员	法制机构主要负责人 本级气象主管机构主要负责人	
	解除证据登记保存通知书	案件承办人员	无	根据内部管理制度履行公章审批手续
4. 听证	听证告知书 听证笔录	案件承办人员	无	根据内部管理制度履行公章审批手续
5. 行政处罚先行告知书	责令停止违法行为通知书	案件承办人员	无	根据内部管理制度履行公章审批手续
	行政处罚告知书	案件承办人员	无	根据内部管理制度履行公章审批手续
	气象行政执法通知书	案件承办人员	无	根据内部管理制度履行公章审批手续

续表

主要环节	主要行政执法文书	上报人	审批人	备注
6. 审查、决定	案件讨论记录	案件承办人员	分管负责人	分管负责人参加讨论
	重大执法决定法制审核意见书	案件承办人员	法制机构主要负责人	
	行政处罚决定审批表	案件承办人员	法制机构主要负责人 本级气象主管机构主要负责人	
	现场行政处罚决定书	案件承办人员	无	需电话向分管负责人汇报相关情况
	行政处罚决定书	案件承办人员 法制机构主要负责人	本级气象主管机构主要负责人	
	案件移送书	案件承办人员	无	根据内部管理制度履行公章审批手续
7. 送达、执行	送达回证	案件承办人员	无	
	强制执行申请书	案件承办人员	本级气象主管机构主要负责人	委托书中无审批项,但实际操作中须经主要负责人同意方可申请
8. 结案	结案报告	案件承办人员	无	
	结(销)案审查表	案件承办人员	法制机构主要负责人 本级气象主管机构主要负责人	
	备考表	案件承办人员	无	

五、气象行政执法文书适用

根据气象行政处罚相关法律法规的要求,行政执法过程中,针对不同的执法环节和归档需要求,必用文书12个,其他文书根据需要选择使用(表3-5)。

表3-5 气象行政执法文书适用参照表

执法环节	行政执法文书名称	适用类型	备注
	气象行政执法案卷(封皮)	必用文书	
	卷内目录	必用文书	
1. 立案审批	立案审批表	一般程序必用文书	简易程序不需要
2. 调查取证	调查询问笔录及笔录续页	必用文书	
	现场勘验检查笔录	必用文书	
	鉴定委托书	择用文书	

续表

执法环节	行政执法文书名称	适用类型	备注
3. 先行登记保存证据	证据登记保存审批表	择用文书	
	证据登记保存通知书	择用文书	
	解除证据登记保存审批表	择用文书	
	解除证据登记保存通知书	择用文书	
4. 听证	听证告知书 听证笔录	择用文书	需举行听证的案件必用
5. 行政处罚先行告知书	责令停止违法行为通知书	择用文书	
	行政处罚告知书	必用文书	
	气象行政执法通知书	择用文书	
6. 审查、决定	案件讨论记录	必用文书	
	重大执法决定法制审核意见书	择用文书	
	行政处罚决定审批表	必用文书	
	现场行政处罚决定书	现场处罚必用文书	一般程序不适用
	案件移送书	择用文书	
7. 送达、执行	送达回证	必用文书	
	强制执行申请书	择用文书	
8. 结案	结案报告(上级交办、跨区域移送、案情复杂或有重大影响的涉外案件、经复议或法院判决的案件、较大数额罚款、经过听证的案件、申请强制执行的案件、移送司法机关处理的、依法不予行政处罚的案件、违法事实不成立的案件适用)	择用文书	
	结(销)案审查表	必用文书	
	备考表	必用文书	

第四章 完善防雷安全服务

第一节 防雷安全技术标准

一、执行气象标准清单

目前,防雷安全社会管理执行的气象标准共71项。其中由安徽省气象部门主持起草的标准有9个,分别为《GB/T 34312—2017 雷电灾害应急处置规范》《GB/T 36963—2018 光伏建筑一体化系统防雷技术规范》《QX/T 264—2015 旅游景区雷电灾害防御技术规范》《QX/T 405—2017 雷电灾害风险区划技术指南》《DB34/T 1593—2012 木结构徽派建筑防雷技术规范》《DB34/T 2440—2015 白酒生产厂区防雷技术规范》《DB34/T 2441—2015 大气雷电环境评价技术规范》《DB34/T 2845—2017 大型游乐场所防雷技术规范》《DB34/T 3105—018 化肥厂氨罐区防雷技术规范》。具体标准清单详见表4-1。

表4-1 防雷安全技术气象标准清单

序号	标准编号	标准名称	代替标准号	发布日期 年/月/日	实施日期 年/月/日	行业/地方标准备案号
1	GB/T 31162—2014	地面气象观测场(室)防雷技术规范		2014/7/24	2015/1/1	
2	GB/T 32936—2016	爆炸危险场所雷击风险评价方法		2016/8/29	2017/3/1	
3	GB/T 32937—2016	爆炸和火灾危险场所防雷装置检测技术规范		2016/8/29	2017/3/1	
4	GB/T 32938—2016	防雷装置检测服务规范		2016/8/29	2017/3/1	
5	GB/T 33676—2017	通信局(站)防雷装置检测技术规范		2017/5/12	2017/12/1	
6	GB/T 34312—2017	雷电灾害应急处置规范		2017/9/7	2018/4/1	
7	QX/T 2—2016	新一代天气雷达站防雷技术规范	QX 2—2000	2016/9/29	2017/3/1	
8	QX/T 10.2—2018	电涌保护器 第2部分:在低压电器系统中的选择和使用原则	QX/T 10.2—2007	2018/11/30	2019/3/1	
9	QX/T 10.3—2007	电涌保护器 第3部分:在电子系统信号网络中的选择和使用原则		2007/9/7	2007/11/1	23951—2008
10	QX/T 79—2007	闪电监测定位系统 第1部分 技术条件		2007/6/22	2007/10/1	23944—2008

续表

序号	标准编号	标准名称	代替标准号	发布日期 年/月/日	实施日期 年/月/日	行业/地方标准备案号
11	QX/T 79.2—2013	闪电监测定位系统 第2部分:观测方法		2013/7/11	2013/10/1	41383—2013
12	QX/T 79.3—2013	闪电监测定位系统 第3部分:验收规定		2013/7/11	2013/10/1	41384—2013
13	QX/T 85—2018	雷电灾害风险评估技术规范	QX/T 85—2007	2018/11/30	2019/3/1	
14	QX/T 103—2017	雷电灾害调查技术规范	QX/T 103—2009	2017/10/30	2018/3/1	
15	QX/T 104—2009	接地降阻剂		2009/6/7	2009/11/1	37749—2012
16	QX/T 105—2018	防雷装置施工质量监督与验收规范	QX/T 105—2009	2018/12/12	2019/4/1	
17	QX/T 106—2018	雷电防护装置设计技术评价规范	QX/T 106—2009	2018/9/20	2019/2/1	
18	QX/T 109—2009	城镇燃气防雷技术规范		2009/6/7	2009/11/1	37754—2012
19	QX/T 149—2011	新建筑物防雷装置检测报告编制规范		2011/12/21	2012/1/1	37794—2012
20	QX/T 150—2011	煤炭工业矿井防雷设计规范		2011/12/21	2012/1/1	37795—2012
21	QX/T 160—2012	爆炸和火灾危险环境雷电防护安全评价技术规范		2012/8/30	2012/11/1	37805—2012
22	QX/T 161—2012	地基GPS接收站防雷技术规范		2012/8/30	2012/11/1	37806—2012
23	QX/T 162—2012	风廓线雷达站防雷技术规范		2012/8/30	2012/11/1	37807—2012
24	QX/T 166—2012	防雷工程专业设计常用图形符号		2012/11/29	2013/3/1	39810—2013
25	QX/T 186—2013	安全防范系统雷电防护要求及检测技术规范		2013/1/4	2013/5/1	39830—2013
26	QX/T 190—2013	高速公路设施防雷设计规范		2013/7/11	2013/10/1	41372—2013
27	QX/T 191—2013	雷电灾情统计规范		2013/7/11	2013/10/1	41373—2013
28	QX/T 210—2013	城市景观照明设施防雷技术规范		2013/10/14	2014/2/1	42183—2013
29	QX/T 211—2013	高速公路设施防雷装置检测技术规范		2013/10/14	2014/2/1	42184—2013
30	QX/T 225—2013	索道工程防雷技术规范		2013/12/22	2014/5/1	45940—2014
31	QX/T 226—2013	人工影响天气作业点防雷技术规范		2013/12/22	2014/5/1	45941—2014
32	QX/T 230—2014	中小学校雷电防护技术规范		2014/7/25	2014/12/1	46691—2014
33	QX/T 231—2014	古树名木防雷技术规范		2014/7/25	2014/12/1	46692—2014

续表

序号	标准编号	标准名称	代替标准号	发布日期 年/月/日	实施日期 年/月/日	行业/地方标准备案号
34	QX/T 232—2014	防雷装置定期检测报告编制规范		2014/7/25	2014/12/1	46693—2014
35	QX/T 246—2014	建筑施工现场雷电安全技术规范		2014/10/24	2015/3/1	48134—2015
36	QX/T 262—2015	雷电临近预警技术指南		2015/1/26	2015/5/1	49476—2015
37	QX/T 264—2015	旅游景区雷电灾害防御技术规范		2015/1/26	2015/5/1	49478—2015
38	QX/T 265—2015	输气管道系统防雷装置检测技术规范		2015/1/26	2015/5/1	49479—2015
39	QX/T 287—2015	家用太阳热水系统防雷技术规范		2015/7/21	2015/12/1	50971—2015
40	QX/T 309—2017	防雷安全管理规范	QX/T 309—2015	2017/12/29	2018/4/1	
41	QX/T 310—2015	煤化工装置防雷设计规范		2015/12/11	2016/4/1	
42	QX/T 311—2015	大型浮顶油罐防雷装置检测规范		2015/12/11	2016/4/1	
43	QX/T 312—2015	风力发电机组防雷装置检测技术规范		2015/12/11	2016/4/1	
44	QX/T 317—2016	防雷装置检测质量考核通则		2016/4/20	2016/10/1	
45	QX/T 318—2016	防雷装置检测机构信用评价规范		2016/4/20	2016/10/1	
46	QX/T 319—2016	防雷装置检测文件归档整理规范		2016/4/20	2016/10/1	
47	QX/T 330—2016	大型桥梁防雷设计规范		2016/5/31	2016/11/1	
48	QX/T 331—2016	智能建筑防雷设计规范		2016/5/31	2016/11/1	
49	QX/T 384—2017	防雷工程专业设计方案编制导则		2017/6/9	2017/10/1	
50	QX/T 398—2017	防雷装置设计审核和竣工验收行政处罚规范		2017/10/30	2018/3/1	
51	QX/T 399—2017	供水系统防雷技术规范		2017/10/30	2018/3/1	
52	QX/T 400—2017	防雷安全检查规程		2017/12/29	2018/4/1	
53	QX/T 401—2017	雷电防护装置检测单位质量管理体系建设规范		2017/12/29	2018/4/1	
54	QX/T 402—2017	雷电防护装置检测单位监督检查规范		2017/12/29	2018/4/1	
55	QX/T 403—2017	雷电防护装置检测单位年度报告规范		2017/12/29	2018/4/1	

续表

序号	标准编号	标准名称	代替标准号	发布日期 年/月/日	实施日期 年/月/日	行业/地方标准备案号
56	QX/T 404—2017	电涌保护器产品质量监督抽查规范		2017/12/29	2018/4/1	
57	QX/T 405—2017	雷电灾害风险区划技术指南		2017/12/29	2018/4/1	
58	QX/T 406—2017	雷电防护装置检测专业技术人员职业要求		2017/12/29	2018/4/1	
59	QX/T 407—2017	雷电防护装置检测专业技术人员职业能力评价		2017/12/29	2018/4/1	
60	QX/T 430—2018	烟花爆竹生产企业防雷技术规范		2018/6/26	2018/10/1	
61	QX/T 431—2018	雷电防护技术文档分类与编码		2018/6/26	2018/10/1	
62	QX/T 450—2018	阻隔防爆橇装式加油（气）装置防雷技术规范		2018/9/20	2019/2/1	
63	QX/T 10.1—2018	电涌保护器 第1部分：性能要求和试验方法	QX/T 10.1—2002	2018/11/30	2019/3/1	
64	QX/T 484—2019	地基闪电定位站观测数据格式		2019/4/28	2019/8/1	
65	DB34/T 1593—12	木结构徽派建筑防雷技术规范		2012/2/23	2012/3/23	34577—12
66	DB34/T 1919—13	风能资源评估技术规范		2013/7/29	2013/8/29	
67	DB34/T 2440—15	白酒生产厂区防雷技术规范		2015/7/17	2015/8/14	
68	DB34/T 2845—17	大型游乐场所防雷技术规范		2017/3/30	2017/4/30	
69	DB34/T 3105—18	化肥厂氨罐区防雷技术规范		2018/4/16	2018/5/16	
70	QX/T 263—2015	太阳能光伏系统防雷技术规范		2015/1/26	2015/5/1	49477—15
71	GB/T 34291—2017	应急临时安置房防雷技术规范		2017/9/7	2018/4/1	

二、执行其他标准清单

目前，防雷安全社会管理执行的其他标准共27项。其中涉及强制性国家标准共6个、推荐性国家标准共13个、行业标准1个、建筑图集共7本。具体标准清单详见表4-2。

表4-2 防雷安全技术其他标准清单

序号	标准编号	标准名称
1	GB 18802.1—2011	低压配电系统的电涌保护器（SPD）性能要求和试验方法
2	GB 50057—2010	建筑物防雷设计规范

续表

序号	标准编号	标准名称
3	GB 50343—2012	建筑物电子信息系统防雷技术规范
4	GB 50601—2010	建筑物防雷工程施工与质量验收规范
5	GB 50650—2011	石油化工装置防雷设计规范
6	GB 51017—2014	古建筑防雷工程技术规范
7	GB/T 50311—2016	建筑与建筑群综合布线系统工程设计规范
8	GB/T 50314—2015	智能建筑设计标准
9	GB/T 21714.1—2015	雷电防护 第1部分:总则
10	GB/T 21714.2—2015	雷电防护 第2部分:风险管理
11	GB/T 21714.3—2015	雷电防护 第3部分:建筑物的物理损坏和生命危险
12	GB/T 21714.4—2015	雷电防护 第4部分:建筑物内电气和电子系统
13	GB/T 17949.1—2000	接地系统的土壤电阻率、接地阻抗和地面电位测量导则 第1部分:常规测量
14	GB/T 21431—2015	建筑物防雷装置检测技术规范
15	GB 18802.1—2011	低压电涌保护器 第1部分:低压配电系统的电涌保护器(SPD)性能要求和试验方法
16	GB/T 18802.12—2014	低压电涌保护器(SPD) 第12部分:低压配电系统的电涌保护器(SPD)选择和使用导则
17	GB/T 18802.21—2016	低压电涌保护器 第21部分:电信和信号网络电涌保护器(SPD)性能要求和试验方法
18	GB/T 18802.311—2017	低压电涌保护器元件 第311部分:气体放电管(GDT)
19	GB/T 36963—2018	光伏建筑一体化系统防雷技术规范
20	DL/T 475—2017	接地装置特性参数测量导则
21	99D501-1,99(03)D501-1	建筑物防雷设施安装
22	02D501-2	等电位联接安装
23	03D501-3	利用建筑物金属体做防雷及接地装置安装
24	03D501-4	接地装置安装
25	02X101-3	综合布线系统工程设计施工图集
26	D701-1~3	封闭式母线及桥架安装
27	97X700	智能建筑弱电工程设计施工图集

第二节 防雷检测业务技能竞赛

安徽省防雷检测业务技能竞赛由安徽省气象局、省总工会、省人力资源社会保障厅联合举办,旨在增强安徽省雷电防护装置检测技术人员的专业技能和整体素质,推动防雷技术队伍建设和发展,规范和加强防雷减灾工作,促进行业健康发展,充分发挥检测工作对雷电防护装置质量安全的保障作用。业务技能竞赛分两轮进行,第一轮为综合知识竞赛,第二轮为基本技能竞赛。

一、综合知识竞赛

评定参赛选手对理论知识、业务规范的掌握程度。总分 300 分,试题总数为 300 题,考试时间 120 分钟。

(一)竞赛形式

(1)竞赛形式为笔试,印刷试卷与答题卡。

(2)题型为单项选择题、多项选择题、判断题等。

(二)试题主要内容

综合知识试题的主要试题范围为法律法规及部门规章、防雷检测各类标准和规范、雷电原理、电磁兼容原理、建筑电气与防雷工程相关知识、计量知识、安全生产知识等。

综合知识竞赛试题类型及评分标准见表 4-3;2019 年雷电防护装置检测综合知识试题范围见表 4-4。

表 4-3 综合知识竞赛试题类型及评分标准

题型	数量(题)	每题分值(分)	总分值(分)
单项选择题	100	0.9	90
多项选择题	100	1.5	150
判断题	100	0.6	60
合计	300	—	300

表 4-4 2019 年雷电防护装置检测综合知识试题范围

序号	竞赛内容	比例	考试范围	参考书目
1	法律法规及部门规章	10%	雷电灾害防御及安全生产相关法律法规。	1.《中华人民共和国气象法》 2.《中华人民共和国安全生产法》 3.《气象灾害防御条例》 4.《防雷减灾管理办法》(中国气象局令第 24 号) 5.《防雷装置设计审核和竣工验收规定》(中国气象局令 21 号) 6.《雷电防护装置检测资质管理办法》(中国气象局令 31 号) 7.《安徽省气象灾害防御条例》 8.《安徽省防雷减灾管理办法》
2	规范:技术规范、管理规范	50%	防雷装置设计审核和竣工验收,防雷装置检测等标准、规范。	1.《GB 50057—2010 建筑物防雷设计规范》 2.《GB 50343—2012 建筑物电子信息系统防雷技术规范》 3.《GB/T 21431—2015 建筑物防雷装置检测技术规范》 4.《GB 50601—2010 建筑物防雷工程施工与质量验收规范》 5.《GB/T 32938—2016 防雷装置检测服务规范》(除附录 C) 6.《GB/T 32937—2016 爆炸和火灾危险场所防雷装置检测技术规范》

续表

序号	竞赛内容		比例	考试范围	参考书目
2	规范:技术规范、管理规范		50%	防雷装置设计审核和竣工验收,防雷装置检测等标准、规范。	7.《GB 50156—2012 汽车加油加气站设计与施工规范》 8.《GB/T 33676—2017 通信局(站)防雷装置检测技术规范》 9.《QX/T 186—2013 安全防范系统雷电防护要求及检测技术规范》 10.《QX/T 317—2016 防雷装置检测质量考核通则》 11.《QX/T 319—2016 防雷装置检测文件归档整理规范》 12.《QX/T 401—2017 雷电防护装置检测单位质量管理体系建设规范》 13.《QX/T 402—2017 雷电防护装置检测单位监督检查规范》 14.《QX/T 403—2017 雷电防护装置检测单位年度报告规范》 15.《QX/T 406—2017 雷电防护装置检测专业技术人员职业要求》
3	基础知识	雷电原理	2%	熟悉雷电学原理。包括闪电的类型、电场、电流参数、发生发展的物理过程及其物理机制;雷电的物理效应,雷电的气候特征等。	郄秀书,张其林,袁铁,等.雷电物理学.北京:科学出版社,2013.
		电磁兼容原理	2%	掌握电磁干扰源的分类、干扰的要素;电磁兼容的含义、工程方法;屏蔽和接地技术。	杨克俊.电磁兼容原理与设计技术.北京:人民邮电出版社,2011. 竞赛内容:第1章、第2章、第4章
		建筑电气与防雷工程相关知识	33%	1. 熟悉电气方面必要的基本理论、基本知识和基本技能。 2. 新建建筑物防雷装置方案审核与图纸,AutoCAD 电气识图知识。 3. 熟悉建筑物防雷设计相关知识。包括新建、扩建、改建建筑物的防雷设计。熟悉建筑物雷电防护所应遵循的一般原则,通过采用雷电防护装置来防止建筑物的物理损坏、避免因接触和跨步电压而引起生命危险等相关知识。 4. 熟悉建筑电子信息系统防雷技术知识。包括新建、扩建、改建建筑物的建筑物电子信息系统防雷的设计、施工、验收、维护和管理。	1. 唐定曾,等.建筑电气技术(2版).北京:机械工业出版社,2011. 2. 梅卫群,江燕如.建筑防雷工程与设计(3版).北京:气象出版社,2008. 3. 李祥超.雷电工程设计与实践.北京:气象出版社,2010. 4. 杨仲江.防雷装置检测审核与验收(修订版).北京:气象出版社,2014.

续表

序号	竞赛内容		比例	考试范围	参考书目
3	基础知识	建筑电气与防雷工程相关知识	33%	5. 熟练掌握防雷检测工作中基本的测试理论与测试方法,审核竣工验收主要内容和方法。 6. 掌握电涌保护器(SPD)的工作原理、测试方法和选用原则。	
		计量知识	2%	掌握必要的计量基础知识、误差理论知识、数据处理知识以及检测工作中的误差来源及对策等知识。	杨仲江.防雷装置检测审核与验收(修订版).北京:气象出版社,2014. 竞赛内容:第二章
		安全生产知识	1%	掌握检测人员安全作业操作规程(GB/T 32938—2016 附录 C)及安全事故的处理程序。	《GB/T 32938—2016 防雷装置检测服务规范》 竞赛内容:附录 C

二、基本技能竞赛

通过3个左右检测场地,由参赛选手依次分别担任检测组长、地面仪表操作员和现场检测员角色,评定每位参赛选手的现场检测能力、数据分析能力、报告编制能力以及语言组织能力。总分300分,考试时间90分钟。

(一)竞赛主要内容

从检测工作准备、作业安全、现场检测内容、检测仪器使用、原始记录整理、检测报告编制等方面,分别设置若干检测操作流程性、规范性、正确性的考核点作为得分点,并根据实际操作中可能出现的错误操作设置扣分点。裁判根据完成情况,分别统计每个检测场地的检测组长评分、地面仪表操作员评分、现场检测员操作评分和检测报告评分,计算该团队的最终得分。

(二)竞赛设备

竞赛设备配置清单见表4-5。

表4-5 设备配置清单

设备名称	型号	备注
接地电阻测试仪		测试电流:>20mA(正弦波),分辨率:0.01Ω
防雷产品元件测试仪		测试器件:MOV
游标卡尺	—	量程:0~150mm
皮卷尺	—	50m
钢卷尺		5m,分辨率:0.01m
对讲机	—	50m范围

(三)竞赛形式

参赛选手45分钟完成建筑物、信息系统和辅助检测场地的防雷安全检测并填写原始记录表,45分钟完成检测报告编制。

选择业务楼屋面区域(不涉及办公区域)、住宅楼外围区域(不涉及住户家中和屋面)和信息机房区域作为基本技能竞赛的检测场地;安排一个场地作为检测准备室;安排一个场地作为报告编制考场;安排一间候考室,所有待考选手上交手机等各类电子产品后在候考室待考。

每次安排四个团队,在引导员引导下,依次前往检测准备室(2名裁判)完成检测准备,交叉前往检测场地(每个场地3名裁判),完成所有检测内容后,前往报告编制考场(3名监考)指定座位,在规定时间内完成报告编制并交卷。

竞赛采用统一的检测原始记录和检测报告样式表,纸质样表由组委会统一提供,检测技术报告出具单位统一填写竞赛组号,盖组委会提供的印章。

(四)检测要求

每个参赛队针对各检测场所分三次组成三个检测小组。检测小组由检测组组长、现场检测员、地面仪表操作员三个岗位组成。要求在三个不同场景检测中,每位参赛队员要分别担任一次检测组组长、现场检测员、地面仪表操作员,不得重复;在同一场景中,岗位人员确定后,中途不得调岗。裁判对每个岗位全程一对一跟踪考核。检测小组岗位职责如下:

(1)检测组组长

1)负责当次场景检测工作组织、协调。包括与当次场景所属单位沟通接洽,当次场景检测环境勘察,整个检测用时把控,检测项目及检测点选取,检测装备规划工作。

2)负责当次场景检测原始记录填写。

3)负责当次场景检测报告编制。

4)作为当次场景检测质量与安全的第一责任人,对当次场景检测质量与检测安全负全部责任。

(2)现场检测员

1)按照组长要求,做好现场用线收放、检测点测试接线、与地面仪表操作员的配合工作。

2)负责现场检测仪器仪表操作及数据读取工作。

3)负责自己承担的检测项目检测安全责任。

4)协助、配合组长做好其他检测工作。

(3)地面仪表操作员

1)按照组长安排,负责全部检测仪表领用与归还工作。

2)按照组长安排,重点负责地面现场接地电阻测试仪表的操作,做好与现场检测员的配合工作。包括:检测仪表安放点选取;检测数据读取;收回仪表等。

3)负责地面现场检测安全。

4)协助、配合组长做好其他检测工作。

第三节 防雷安全管理通告

一、年度防雷安全工作通告

防雷安全工作涉及社会各界,包括雷电防护装置使用单位、雷电防护装置检测资质单位、各防雷安全监管责任单位,点多面广,无法通过点对点的方式进行部署。各级气象主管机构作为防雷安全管理的组织单位,需要每年通过当地主要媒体对外发布年度防雷安全工作通告,明晰各部门、各责任主体的职责要求并部署定期检测工作。市县气象主管机构在发布文字通告的同时，应发布加盖公章的工作通告彩色扫描件，供有需要的单位下载作为防雷安全工作组织开展依据。示例如下：

××省××年度防雷安全工作通告

我省即将进入雷电高发期，为防止和减少雷击造成的人民生命财产损失，依据《气象灾害防御条例》《防雷减灾管理办法（修订）》等规定，以及国务院、省委省政府安全生产工作要求，现就有关工作通告如下：

切实落实防雷安全工作责任。气象主管机构负责雷电灾害防御工作的组织管理，要做好雷电监测、预报预警、雷电灾害调查鉴定和防雷科普宣传，要划分雷电易发区域及其防范等级并及时向社会公布。各相关部门要按照"谁审批、谁负责、谁监管"的原则和"管行业必管安全、管生产必管安全、管业务必管安全"的要求，履行所属行业、领域防雷安全监管职责。雷电防护装置使用、维护、产权单位（以下简称业主单位）是防雷安全生产的责任主体，履行雷电防护装置日常维护和定期检测制度，确保对建（构）筑物、各类场所的有效防护。

认真组织雷电防护装置定期检测。雷电防护装置定期检测是防雷安全隐患排查的重要手段，业主单位要建立完善防雷安全管理制度，定期委托具备相应资质等级的雷电防护装置检测机构进行雷电防护装置安全性能检测，对不符合相关标准规范的雷电防护装置进行整改并复检，同时积极配合当地气象主管机构和相关监管部门开展的防雷安全监督检查工作。具有爆炸和火灾危险环境的防雷建筑物的雷电防护装置检测周期为6个月，其他建筑物为12个月。

规范开展雷电防护装置检测活动。在我省境内从事雷电防护装置检测的单位，应取得省级气象主管机构认定的防雷装置检测资质，并严格按照资质等级开展相应的防雷装置检测工作。禁止无资质或者超出资质许可范围从事防雷装置检测（甲级资质可以从事《建筑物防雷设计规范》规定的第一类、第二类、第三类建（构）筑物的防雷装置检测，乙级资质仅可从事第三类建（构）筑物的防雷装置检测）。各检测机构应严格按照现行相关标准、依法依规开展检测活动，并接受属地气象主管机构的监管。各检测机构要规范检测流程，保证检测服务质量，对出具的雷电防护装置检测报告负责，并承担相应法律责任及后果。检测过程中发现被检雷电防护装置不符合标准规范要求的，应向业主单位提出整改意见。

增强雷电防护意识。各级气象主管机构要通过电视、报纸、微博、微信公众号、手机短信等多种途径广泛宣传防雷相关法律法规、标准规范，以及防雷安全知识，提高全社会对防雷安全工作的认识，增强人民群众科学防雷意识，使防雷减灾工作成为全社会的共同行动。广大市民、村民要主动学习防雷安全知识，在雷雨天气中正确运用雷电防护相关知识，确保人身安全，减少财产损失。

畅通雷电灾害信息报送。雷电灾害信息是防雷减灾工作的重要基础性数据，及时、准确、全面地收集上报雷电灾害信息，对于指导防雷安全工作具有重要意义。发生雷电灾害事故的单位和个人要及时将受灾情况报送当地气象主管机构或主管部门。各地气象主管机构应及时配合相关部门组织开展应急处置、灾情调查分析等工作，并将相关情况报送上一级气象主管机构和地方政府。

二、年度公益性雷电防护装置检测通告

越来越多的地方政府将重大公共场所的防雷装置检测工作纳入公共服务范围，并安排经费。有关地方的气象主管机构每年应根据政府专项经费情况，发布通告组织开展年度公益性雷电防护装置检测。各有关气象主管机构在发布文字通告的同时，应同时发布加盖公章的通

告彩色扫描件,供有承担公益性雷电防护装置检测工作的单位作为工作开展的依据。示例如下:

示例如下:

××市××年度公益性雷电防护装置检测通告

根据《安徽省人民政府办公厅关于进一步加强防雷安全监管的通知》(皖政办秘〔2016〕239号)文件精神,××气象局组织开展2019年公益性雷电防护装置检测工作。

2019年公益性雷电防护装置检测范围为:市直公益文化体育场馆、市直机关办公场所。

公益性雷电防护装置检测服务任务由××××承担,请纳入上述检测范围的单位主动与××××联系开展雷电防护装置年检工作。

联系人:××××

监督电话:××××

第四节　雷电防护装置检测

一、雷电防护装置检测报告编制流程

编制雷电防护装置检测报告需要经过现场检测、现场整改、复测、报告编制、报告归档等环节,具体流程如图4-1所示。

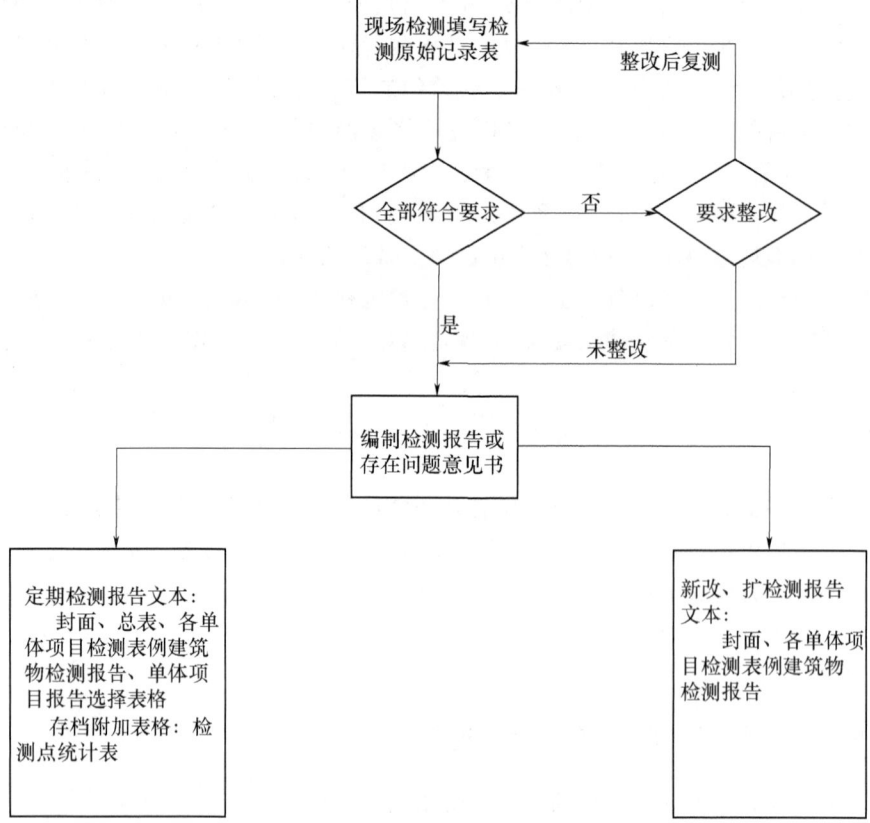

图4-1　雷电防护装置检测报告编制流程图

二、雷电防护装置检测报告构成

（一）检测报告检测表分类

新改扩检测表格分类：建筑物、数据中心、移动通信基站、加油加气站、油（气）库、户外装置

定期检测表格分类：建筑物、数据中心、通信基站、加油加气站、油气库、输气管道、大型浮顶油罐。

（二）检测报告结构

定期检测报告：封面、总表、单体项目检测表。

新改扩检测报告：封面、单体项目检测表。

（三）检测报告归档内容

定期检测技术档案：定期检测报告、原始记录表、检测点统计表、检测报告附页（表4-6）。

新改扩建设项目检测技术档案：新改扩检测报告、原始记录表、设计图纸（可选项）。

表4-6 雷电防护装置定期检测报告内容选择

检测对象		雷电防护装置定期检测报告模板（QX/T 232—2014）						
		建筑物	数据中心	油（气）站	油（气）库	通信局站（基站）	大型浮顶油罐	输气管道系统
建筑物		★	☆	×	×	☆	×	×
计算机机房		☆	★	×	×	☆	×	×
易燃易爆场所	油库	★	×	☆	★	×	☆	×
	气库	★	×	☆	★	×	×	☆
	弹药库	★	×	×	×	×	×	×
	化学品仓库	★	×	×	×	×	×	×
	烟花爆竹	★	☆	×	×	×	×	×
	石化	★	☆	☆	☆	×	☆	☆

注：★表示该检测对象雷电防护装置定期检测报告模板必选项；
　　☆表示该检测对象雷电防护装置定期检测报告模板可选项；
　　×表示该检测对象雷电防护装置定期检测报告模板不可选项。

三、雷电防护装置检测报告编号规则

(1)检测报告分为定期检测和新改扩检测,分别以一个检测机构按年顺序编号,每年从0001号开始;

(2)检测报告编号形式:

定期检测:资质证号[AH雷定检](年号+四位数序号),例:资质证号[AH雷定检]20190001号;

新改扩检测:资质证号[AH雷新检](年号+四位数序号),例:资质证号[AH雷新检]20190001号;

(3)原始记录表编号形式:检测报告编号+二位数序号,二位数序号从01开始。

四、雷电防护装置检测原始记录

雷电防护装置检测原始记录包括:雷电防护装置检测点统计表、原始记录表和检测报告附页三类。

为便于雷电防护装置现场检测实施和数据记录,现场检测前,应勘察现场并填写"雷电防护装置检测点统计表";现场检测时,应按照原始记录表格格式记录,原始记录包括雷电防护装置安全检测原始记录表、雷电防护装置新改扩安全检测原始记录表、雷电防护装置定期安全检测原始记录表、接地装置接地电阻现场检测技术资料表等四张表格。完成现场检测后,根据原始记录编制检测报告,对于检测点数量超过检测报告可填写数量的,对未记入检测报告的检测点,编制"雷电防护装置检测报告附页"附后。

五、雷电防护装置检测报告(新改扩)

雷电防护装置检测报告(新改扩)用于新改扩建设项目,分为户外装置雷电防护、加油加气站雷电防护、建筑物雷电防护、数据中心雷电防护、移动通信基站雷电防护、油(气)库雷电防护等六类,对应一张报告总表和若干检测表。

具体到某个检测项目,按照检测项目涉及的雷电防护类别,选择上述一类或多类表格分别检测并编制检测报告。

检测报告编制过程中,参照接地装置接地电阻现场检测技术资料、建筑物雷电防护装置新改扩检测、数据中心雷电防护装置新改扩检测、加油加气站雷电防护装置新改扩检测、油(气)库雷电防护装置新改扩检测、户外装置雷电防护装置新改扩检测、移动通信基站雷电防护装置新改扩检测的相关填写说明填写。

六、雷电防护装置检测报告(定期)

雷电防护装置检测报告(定期)用于经防雷装置竣工验收合格投入使用的雷电防护装置每年开展的定期检测,包括三个综合表和七个分项检测表,分别为雷电防护装置定期检测报告总表、雷电防护装置定期检测报告综述表、定期检测项目平面布置图,以及大型浮顶油罐雷电防护、建筑物雷电防护、输气管道雷电防护、数据中心雷电防护、通信局站(基站)库雷电防护、油(气)库雷电防护、油(气)站雷电防护等。

具体到某个检测项目,按照检测项目涉及的雷电防护类别,选择上述一类或多类分项检测表分别检测,并与三个综合表一并编制检测报告。

雷电防护装置安全检测原始记录表

编号：　　　　　　　　　　　　　　　　　　　　　　　　　　　　　　共　页　第　页

项目名称：					项目地址			
联系人					联系电话			
		防雷分类：　　类				长度：	宽度：	高度：
检测分项	接地装置□	引下线□	接闪器□	等电位连接□		雷击电磁脉冲屏蔽□		防侧击雷□
设施/位置	材料	规格	连接方式	敷设方式	形状	备注		

检测位置	检测数据	检测位置	检测数据	检测位置	检测数据

检测位置示意图：
　　接地装置检测含检测仪表型号和辅助接地极位置图

（示意图：××办公大楼 5F，标注点①②③④⑤⑥，指北针N）

注：除注明以外，长度单位为米(m)，接地电阻值单位为欧姆(Ω)，有的检测分项须检测项目在备注栏填写。

检测日期：　　　　　　　　　年　月　日　　　　　　　　　　　　天气：

检测人：　　　　　　　　校核人：　　　　　　　　　　受检单位签字：

雷电防护装置新改扩安全检测原始记录表

编号：　　　　　　　　　　　　　　　　　　　　　　　　　　共　页　第　页

项目名称：					项目地址			
		防雷分类：　类				长度：	宽度：	高度：
检测项目	电涌保护器							
安装位置	装置型号	外观检查	I_n检查值（kA）	U_C检查值（V）	U_p检查值（kV）	引线长度（m）	引线规格（mm²）	接地电阻（Ω）
电涌保护器安装系统图：								
备注：除注明以外，长度单位为米（m），接地电阻值单位为欧姆（Ω）。								

检测日期：　　　　　　　　　　　　年　月　日　　　　　　　　　　　天气：

检测人：　　　　　　　　　　校核人：　　　　　　　　　　受检单位签字：

雷电防护装置定期安全检测原始记录表

编号： 共 页 第 页

项目名称：				项目地址			
	防雷分类： 类				长度：	宽度：	高度：
检测项目			电涌保护器				
安装位置	装置型号	外观检查	漏电流（μA）	压敏电压（V）	引线长度（m）	引线规格（mm²）	接地电阻（Ω）

电涌保护器安装系统图：

备注：除注明以外，长度单位为米(m)，接地电阻值单位为欧姆(Ω)。

检测日期： 年 月 日 天气：

检测人： 校核人： 受检单位签字：

接地装置接地电阻现场检测技术资料表

检测点名称				检测点编号	
所属建（构）筑物名称				雷电防护等级	
接地电阻测试仪主要技术参数					
仪表型号				标校有效期	
测量范围				测量精度	
最大输出电流				最大输出电压	
测试频率				测试波形	
接地体隐蔽工程技术资料					
图纸	有\无	防雷技术审查	有\无	隐蔽工程照片	有\无	隐蔽工程验收记录	有\无

接地体结构及尺寸示意图：

（接地体结构及尺寸示意图模板）（mm）

接地电阻测试方法平面示意图：（主要包含：检测点 E 点位置、接地体平面布置、P 点电压极位置、C 点电流极位置、上述 4 点之间的方位尺寸及土壤电阻率 ρ 等）

（接地电阻测试方法平面示意图模板）

接地工频电阻 $R_\sim$		A（取值）		接地冲击电阻 $R_i = R_\sim / A$	

检测员：　　　校核人：　　　检测日期：　　　天气：

注：一类防雷建筑物此表必须填写。

雷电防护装置检测点统计表

被检测单位名称					
建筑物（系统）名称					
统计人		校核人		统计日期	年 月 日
检测单位				资质等级及证书号	
检测点统计		共 页 点			
序号	检测点名称	雷电防护装置现场描述	类型	雷电防护装置应检测依据	

填表说明：一、本统计表一般以建（构）筑物或某工艺系统为单位进行统计。检测点类型分：1. 防直击雷，2. 防雷电感应（屏蔽、等电位连接、SPD），3. 防静电，4. 工作地，5. 保护地，6. 其他。应检测点由检测机构技术负责人根据检测项目雷电防护装置现状和相关技术规范确定。

二、易燃易爆、危化场所该表必须填写。

雷电防护装置检测报告附页

报告名称：　　　　　　　　　　报告编号：

检测报告中表名称	
报告页码	
检测分项/内容	

检测对象	检测内容	检测结果

报告页码	
检测分项/内容	

检测对象	检测内容	检测结果

报告页码	
检测分项/内容	

检测对象	检测内容	检测结果

编制人		校核人		签发人	

说明：

1. 附页一般附在报告最后，是对报告表内容增添项目的补充。
2. 附页中检测报告所在表名称、报告页码、检测分项/内容为必填项。
3. 当一个检测单位的多个检测项目均需要附页时，以检测报告所在表为基本单位，即不同表需另附页来表示。
4. 检测对象、检测内容和检测结果按照原检测报告表中的要求进行填写。

报告编号	

雷电防护装置检测报告
（新改扩）

受 检 单 位 _____

项 目 名 称 _____

检 测 单 位 _____

检测单位资质证号 _____

安徽省气象局监制

注 意 事 项

1. 投入使用后的雷电防护装置实行定期检测制度。具有爆炸和火灾危险环境的雷电防护装置检测间隔时间为 6 个月,其他雷电防护装置检测间隔时间为 12 个月。
2. 检测报告须有编制人、检测人、校核人签字,技术负责人签发,并加盖检测单位公章。
3. 检测报告严禁私自修改。确须修改的,修改处必须加盖检测单位公章。
4. 复印报告未重新加盖公章无效。
5. 遭受雷电灾害的单位或个人,应及时向当地气象主管机构报告。
6. 此报告一式三份,二份交受检单位,一份存检测单位。
7. 新(改、扩)建项目检测技术档案保管期限为永久。

户外装置雷电防护装置新改扩检测报告总表

报告编号：

受检单位		联系人	
联系电话		装置名称	
装置高度		装置长宽	
防雷类别		装置地址	
报告有效期	年 月 日 至 年 月 日		
检测仪器名称及检定有效期			
检测依据			
存在问题及整改意见			
检测结论			
编制人		校核人		签发人	

（检测单位盖章处）

年 月 日

户外装置雷电防护装置新改扩检测表

装置名称				检测日期			
检测分项		接地装置		天气情况			
自然接地体	基础形式		材型规格			连接方式	
	敷设深度		接地电阻(Ω)				
人工接地体	水平接地体	材型规格		连接方式		形状	
		敷设深度		接地电阻(Ω)			
	垂直接地体	材型规格				连接方式	
		敷设深度				接地电阻(Ω)	
	防跨步电压情况						
人工接地体与自然接地体连接		位置		接地电阻(Ω)		位置	接地电阻(Ω)
与近旁接地装置连接情况							
附图及说明							
检测结论							

检测人　　　　　　　　　　　　　　校核人　　　　　　　　　　　　　　技术负责人

户外装置雷电防护装置新改扩检测表(续一)

装置名称					检测日期	
检测分项		引下线			天气情况	
柱筋引下线/金属结构体引下线	引下线类型		材型规格		利用主筋数	
	敷设方式		引下线组数		平均间距	
	连接方式		利用主筋连接情况			
专设引下线	材型规格		敷设方式		平均间距	
	连接情况		固定支架间距			
	锈蚀情况		防损措施			
	防接触电压情况					
测试点/断接卡设置情况			附着情况			
与接地装置连接情况						
测试位置	接地电阻(Ω)	测试位置		接地电阻(Ω)	测试位置	接地电阻(Ω)
检测分项			接闪器			
接闪杆/接闪线	数量		保护范围		连接形式	
	安装位置		安装高度		材型规格	
	弧垂高度		间隔距离			
接闪带	敷设方式		支持卡高度		支持卡间距	
	安装位置		材型规格		闭合环路测试	
	搭接方式		转弯角度		阳角保护措施	

检测人　　　　　　　　　　校核人　　　　　　　　　　技术负责人

户外装置雷电防护装置新改扩检测表(续二)

检测分项		接闪器					
接闪网格	网格尺寸		材型规格		敷设方式		
	敷设位置		网格焊接		搭接方式		
与引下线连接							
锈蚀情况		附着情况		连接情况			
测试位置	接地电阻(Ω)	测试位置	接地电阻(Ω)	测试位置		接地电阻(Ω)	

检测分项		雷击电磁脉冲屏蔽	
内容	材型规格	屏蔽措施	屏蔽层接地方式及接地电阻(Ω)
电气线路屏蔽			
电子线路屏蔽			

检测分项	防雷电侧击
检测内容	情况描述
水平接闪带设置情况	
自装置顶向下20%且超过60米部分防护措施	
侧面突出大尺寸金属物接地预留端子设置	

测试位置	接地/过渡电阻(Ω)	测试位置	接地/过渡电阻(Ω)	测试位置	接地/过渡电阻(Ω)

检测人　　　　　　　　　　校核人　　　　　　　　　　技术负责人

户外装置雷电防护装置新改扩检测表(续三)

检测分项	等电位连接		
测试内容	材型规格	数量及位置	接地/过渡电阻(Ω)
顶部冷却塔			
航空障碍灯			
广告牌			
顶部照明灯			
顶部现场操作箱			
风机			
放散管			
呼吸阀			
排风管			
爬梯			
栏杆			
钢架			
电缆支架			
进出装置的金属管道			
输送可燃性介质的金属管道			
消除人体静电装置			

检测人　　　　　　　　　　校核人　　　　　　　　　　技术负责人

户外装置雷电防护装置新改扩检测表(续四)

检测分项		电涌保护器						
安装位置	装置型号	外观检查	I_n检查值 (kA)	U_C检查值 (V)	U_p检查值 (kV)	引线长度 (m)	引线规格 (mm^2)	接地电阻 (Ω)
附图及说明								
检测结论								

检测人　　　　　　　　　　　　　校核人　　　　　　　　　　　　　技术负责人

加油加气站雷电防护装置新改扩检测报告总表

报告编号：

受检单位			
联系人		联系电话	
加油加气站名称		地址	
站房高度		站区面积	
防雷类别			
报告有效期	年 月 日 至 年 月 日		
检测仪器名称及检定有效期			
检测依据			
存在问题及整改意见			
检测结论			
编制人		校核人	签发人

（检测单位盖章处）
年 月 日

加油加气站雷电防护装置新改扩检测表

加油加气站名称				检测日期		
检测分项		接地装置		天气情况		
自然接地体		基础形式	连接方式	材型规格	埋设深度	接地电阻
	罐区					
	罩棚					
	站房					
人工接地体	水平接地体	材型规格		连接方式		
		敷设深度		接地电阻(Ω)		形状
	垂直接地体	材型规格		连接方式		
		敷设深度		接地电阻(Ω)		
	防跨步电压情况					
人工接地体与自然接地体连接数量		罐区		罩棚		站房
接地装置测试点	位置					
	接地电阻(Ω)					
附图及说明(接地装置接地电阻现场检测技术资料表)						
检测结论						

检测人　　　　　　　　　　　　校核人　　　　　　　　　　　　技术负责人

加油加气站雷电防护装置新改扩检测表(续一)

加油加气站名称			检测日期		天气情况	
检测分项			引下线			
站房	引下线类型		利用主筋数		材型规格	
	敷设方式		平均间距		与基础连接	
	引下线组数		连接方式		接地电阻(Ω)	
站房专设引下线	敷设方式		平均间距		材型规格	
	固定支架间距				与基础连接	
	防接触电压情况				接地电阻(Ω)	
罩棚	引下线类型		利用主筋数		材型规格	
	敷设方式		平均间距		与基础连接	
	引下线组数		连接方式		接地电阻(Ω)	
罩棚专设引下线	敷设方式		平均间距		材型规格	
	固定支架间距				与基础连接	
	防接触电压情况				接地电阻(Ω)	
检测分项			接闪器			
接闪带	站房	敷设方式		材型规格		搭接方式	
		支持卡高度		支持卡间距		转弯角度	
		阳角保护		接地电阻(Ω)		是否闭合	
		与引下线连接					
	罩棚	敷设方式		材型规格		搭接方式	
		支持卡高度		支持卡间距		转弯角度	
		阳角保护		接地电阻(Ω)		是否闭合	
		与引下线连接					
接闪网格	站房	敷设方式		材型规格		搭接方式	
		网格尺寸		接地电阻(Ω)			
	罩棚	敷设方式		材型规格		搭接方式	
		网格尺寸		接地电阻(Ω)			

检测人　　　　　　　　　　校核人　　　　　　　　　　技术负责人

加油加气站雷电防护装置新改扩检测表(续二)

检测分项			等电位连接								
加油机	编号										
	接地电阻(Ω)										
加油枪	编号										
	接地电阻(Ω)										
	编号										
	接地电阻(Ω)										
加气机(柱)	编号										
	接地电阻(Ω)										
加气枪	编号										
	接地电阻(Ω)										
	编号										
	接地电阻(Ω)										
罐区	油罐	编号									
		接地电阻(Ω)									
	法兰盘	编号									
		接地电阻(Ω)									
	呼吸阀	编号									
		接地电阻(Ω)									
	输油管道	编号									
		接地电阻(Ω)									
	量油孔	编号									
		接地电阻(Ω)									

检测人　　　　　　　　　　校核人　　　　　　　　　　技术负责人

加油加气站雷电防护装置新改扩检测表(续三)

检测分项			等电位连接					
储气区	储气罐/储气瓶组(储气井)	编号						
		接地电阻(Ω)						
	法兰盘	编号						
		接地电阻(Ω)						
	放散管	编号						
		接地电阻(Ω)						
	输气管道	编号						
		接地电阻(Ω)						

	油品装卸区静电夹	气体装卸区静电夹	人体防静电装置
接地电阻(Ω)			
项 目	压缩机	脱硫塔	气液分离罐
接地电阻(Ω)			

项 目	液相管	气相管	消防水泵	回收罐	脱水装置
接地电阻(Ω)					
项 目	缓冲罐	发电机	配电箱	独立广告牌/柱	
接地电阻(Ω)					

检测分项			电涌保护器				
安装位置	装置型号	外观检查	I_n检查值(kA)	U_C检查值(V)	U_p检查值(kV)	引线长度(m)	引线规格(mm²)	接地电阻(Ω)

检测人　　　　　　　　　　校核人　　　　　　　　　　技术负责人

加油加气站雷电防护装置新改扩检测表(续四)

检测分项	雷击电磁脉冲屏蔽				
内容	材型规格		屏蔽措施		屏蔽层接地方式及接地电阻(Ω)
空间屏蔽					
电气线路屏蔽					
电子线路屏蔽					
检测分项	其他				
被测物名称	接地电阻(Ω)		备注		
附图及说明 (总平面布置图)					

检测人　　　　　　　　　　　　校核人　　　　　　　　　　　　技术负责人

建筑物雷电防护装置新改扩检测报告总表

报告编号：

受检单位				
联系人		联系电话		
建筑物名称		地址		
建筑物高度		建筑面积		
防雷类别				
施工单位				
报告有效期	年 月 日 至 年 月 日			
检测仪器名称及检定有效期				
检测依据				
存在问题及整改意见				
检测结论				
编制人		校核人		签发人

（检测单位盖章处）
年 月 日

建筑物雷电防护装置新改扩检测表

建筑物名称				检测日期			
检测分项			接地装置	天气情况			
自然接地体	桩(独立柱)基础	材型规格		桩利用系数			
		桩(柱)深		桩直径			
	地梁	材型规格		连接方式			
		敷设深度		接地电阻(Ω)			
	承台	材型规格		连接方式			
		敷设深度		接地电阻(Ω)			
人工接地体	水平接地体	材型规格		连接方式			
		敷设深度		接地电阻(Ω)		形状	
	垂直接地体	材型规格		连接方式			
		敷设深度		接地电阻(Ω)			
	防跨步电压情况						
独立接地体与基础地网(管道)间距(一类防雷建筑物)							
接地装置测试点		位置	接地电阻(Ω)	位置		接地电阻(Ω)	
附图及说明 (接地装置接地电阻现场检测技术资料表)							
检测结论							

检测人	校核人	技术负责人

建筑物雷电防护装置新改扩检测表(续一)

建筑物名称				检测日期			
检测分项		引下线		天气情况			
柱筋引下线/钢柱引下线	引下线类型		材型规格			敷设方式	
	连接方式		引下线组数			平均间距	
	利用主筋数		利用主筋连接情况				
专用引下线	材型规格		敷设方式			平均间距	
	锈蚀情况		固定支架间距				
	防损措施		防接触电压情况				
测试点/断接卡设置情况			附着情况				
与接地装置连接情况							
测试位置	接地电阻(Ω)		测试位置	接地电阻(Ω)		测试位置	接地电阻(Ω)
附图及说明							
检测结论							

检测人　　　　　　　　　　校核人　　　　　　　　　　技术负责人

建筑物雷电防护装置新改扩检测表(续二)

建筑物名称			检测日期			
检测分项		接闪器	天气情况			
接闪杆/接闪线	材型规格		安装高度		安装位置	
	数量		弧垂高度		连接形式	
	保护范围		安全间距			
接闪带	材型规格		敷设方式		安装位置	
	支持卡高度		支持卡间距		闭合环路测试	
	搭接方式		转弯角度		阳角保护措施	
接闪网格	材型规格		敷设方式		安装位置	
	网格尺寸		网格焊接		搭接方式	
接闪金属屋面	材型规格				搭接方式	
与引下线连接			锈蚀情况		电气预留接地	
附着情况			其他			
测试位置		接地电阻(Ω)	测试位置	接地电阻(Ω)	测试位置	接地电阻(Ω)
附图及说明						
检测结论						

检测人　　　　　　　　　　　校核人　　　　　　　　　　　技术负责人

建筑物雷电防护装置新改扩检测表(续三)

建筑物名称		检测日期		天气情况	
检测分项	雷击电磁脉冲屏蔽				
内容	材型规格	屏蔽措施		屏蔽层接地方式及接地电阻(Ω)	
空间屏蔽					
电气线路屏蔽					
电子线路屏蔽					
其他					
检测结论					
检测分项	防雷电侧击				

检测内容	情况描述
水平接闪带设置情况	
自屋顶向下20%且超过60米部分防护措施	
外墙大尺寸金属物接地预留端子设置	
其他	

测试位置	接地/过渡电阻(Ω)	测试位置	接地/过渡电阻(Ω)	测试位置	接地/过渡电阻(Ω)

检测结论	

检测人　　　　　　　　　　　校核人　　　　　　　　　　　技术负责人

建筑物雷电防护装置新改扩检测表(续四)

建筑物名称		检测日期	
检测分项	等电位连接	天气情况	
测试内容	材型规格	数量及位置	接地电阻(Ω)
总等电位接地端子			
天面冷却塔			
广告牌			
水箱			
爬梯			
测试内容	情况描述		接地电阻(Ω)
燃气管道接地			
消防管道接地			

	检测内容	情况描述
电气系统	低压配电重复接地材型规格及接地电阻	
	低压配电保护接地材型规格及接地电阻	
	水平接地干线材型规格及敷设情况	
	竖直接地干线材型规格及敷设情况	
	回路配电箱/柜接地电阻	
	配电系统接地型式	
	电气线路防闪电电涌侵入措施	
	其他	

检测人　　　　　　　　　　校核人　　　　　　　　　　技术负责人

建筑物雷电防护装置新改扩检测表(续五)

电子系统	项 目	SPD保护级数	接地拓扑类型	接地方式	接地电阻(Ω)
	消防控制室设备				
	安防监控室设备				
	信息机房设备				
	电子线路防闪电电涌侵入措施				

均压环	设置楼层	材型规格	与引下线连接方式	环路闭合情况	接地电阻(Ω)

电梯			情况描述		
	电梯井道等电位连接				
	接地干线接地				
	预留接地端子				
	测试位置	接地电阻(Ω)	测试位置	接地电阻(Ω)	测试位置	接地电阻(Ω)
	测试位置	接地电阻(Ω)	测试位置	接地电阻(Ω)	测试位置	接地电阻(Ω)

房间局部等电位	测试位置	预埋件材型规格	接地干线材型规格	等电位端子板材型规格	过渡电阻(Ω)

消除人体静电装置	测试位置	材型规格	接地电阻(Ω)		

检测结论	

检测人　　　　　　　　　　　校核人　　　　　　　　　　　技术负责人

建筑物雷电防护装置新改扩检测表(续六)

建筑物名称					检测日期			
检测分项		电涌保护器			天气情况			
安装位置	装置型号	外观检查	I_n检查值（kA）	U_C检查值（V）	U_p检查值（kV）	引线长度（m）	引线规格（mm²）	接地电阻（Ω）
附图及说明								
检测结论								

检测人　　　　　　　　　校核人　　　　　　　　　技术负责人

数据中心雷电防护装置新改扩检测报告总表

报告编号：

受检单位			
联系人		联系电话	
数据中心名称		数据中心地址	
数据中心楼层/建筑物总层数		数据中心面积	
防雷类别			
报告有效期	年　月　日至　　　年　月　日		
检测仪器名称及校准有效截止日期			
检测依据			
存在问题及整改意见			
检测结论			
编制人		校核人		签发人	

（检测单位盖章处）

年　月　日

数据中心雷电防护装置新改扩检测表

数据中心名称				检测日期			
检测分项		接地装置		天气情况			
自然接地体	基础形式	连接方式	材型规格		埋设深度		接地电阻(Ω)
人工接地体	水平接地体	材型规格		连接方式			
		敷设深度		接地电阻(Ω)		形状	
	垂直接地体	材型规格		连接方式			
		敷设深度		接地电阻(Ω)			
		防雷接地	保护性接地		功能性接地		接地共用型式
位置							
接地电阻(Ω)							
附图及说明							
检测结论							

检测人　　　　　　　　　　校核人　　　　　　　　　　技术负责人

数据中心雷电防护装置新改扩检测表(续一)

检测分项		接闪器				
建筑物	接闪型式		材型规格		安装位置	
	锈蚀情况		保护范围		接地电阻(Ω)	
天线	天线名称	接闪器		等电位连接		
		保护范围	接地电阻(Ω)	材型规格	连接方式	接地电阻(Ω)
检测分项		雷击电磁脉冲屏蔽				
内容		材型规格		屏蔽措施		屏蔽层接地方式及接地电阻(Ω)
空间屏蔽						
电气线路屏蔽						
电子线路屏蔽						
其他						
设备与引下线/外墙间距						
检测分项		等电位连接				
等电位连接方式		(S/M/SM混合型)				
被测物		材型规格		位置		接地电阻(Ω)
总等电位接地端子						
M(SM混合型)等电位连接带						
桥架						

检测人　　　　　　　　　　　校核人　　　　　　　　　　　技术负责人

数据中心雷电防护装置新改扩检测表(续二)

检测分项	等电位连接		
被测物	材型规格	数量及位置	接地电阻(Ω)
光纤加强筋			
配电柜			
发电机			
工作台			
机柜			

检测分项	电涌保护器							
安装位置	装置型号	外观检查	I_n检查值 (kA)	U_C检查值 (V)	U_p检查值 (kV)	引线长度 (m)	引线规格 (mm²)	接地电阻 (Ω)

检测人　　　　　　　　　　　　校核人　　　　　　　　　　　　技术负责人

数据中心雷电防护装置新改扩检测表(续三)

附图及说明	

检测人　　　　　　　　　校核人　　　　　　　　　技术负责人

移动通信基站雷电防护装置新改扩检测报告总表

报告编号：

受检单位		联系人	
联系电话		基站名称	
铁塔高度		基站面积	
防雷类别		基站地址	
报告有效期	年　月　日至　　　年　月　日		
检测仪器名称及校准有效截止日期			
检测依据			
存在问题及整改意见			
检测结论			
编制人		校核人		签发人	

（检测单位盖章处）

年　月　日

移动通信基站雷电防护装置新改扩检测表

移动通信基站名称				检测日期			
检测分项		接地装置		天气情况			
自然接地体	基础形式	连接方式	材型规格		埋设深度		接地电阻(Ω)	
	铁塔						
人工接地体	站房水平接地体	材型规格		连接方式			
		敷设深度		接地电阻(Ω)		形状	
	垂直接地体	材型规格		连接方式			
		敷设深度		接地电阻(Ω)			

	铁塔		站房		变压器		接地共用型式
位置							
接地电阻(Ω)							

附图及说明	
检测结论	

检测人　　　　　　　　　　　　校核人　　　　　　　　　　　　技术负责人

移动通信基站雷电防护装置新改扩检测表(续一)

移动通信基站名称				检测日期		
检测分项		接闪器		天气情况		
铁塔/抱杆避雷针	接闪型式		材型规格		安装位置	
	保护范围		锈蚀情况		接地电阻(Ω)	
天线	天线名称	接闪器		等电位连接		
		保护范围	接地电阻(Ω)	材型规格	连接方式	接地电阻(Ω)
检测分项		雷击电磁脉冲屏蔽				
内容		材型规格		屏蔽措施	屏蔽层接地方式及接地电阻(Ω)	
空间屏蔽						
电气线路屏蔽						
电子线路屏蔽						
其他						
设备与引下线/外墙间距						
检测分项		等电位连接				
等电位连接方式		(S/M/SM 混合型)				
被测物		材型规格		位置	接地电阻(Ω)	
总等电位接地端子						
M(SM 混合型)等电位连接带						
桥架						

检测人　　　　　　　　　　校核人　　　　　　　　　　技术负责人

移动通信基站雷电防护装置新改扩检测表(续二)

检测分项	等电位连接		
被测物	材型规格	数量及位置	接地电阻(Ω)
光纤加强筋			
馈线			
监控设备			
机柜			
配电箱			
航空障碍灯			

检测分项			电涌保护器					
安装位置	装置型号	外观检查	I_n检查值 (kA)	U_C检查值 (V)	U_p检查值 (kV)	引线长度 (m)	引线规格 (mm²)	接地电阻 (Ω)

检测人　　　　　　　　　　　校核人　　　　　　　　　　　技术负责人

移动通信基站雷电防护装置新改扩检测表(续三)

附图及说明	

检测人　　　　　　　　　　校核人　　　　　　　　　　技术负责人

油(气)库雷电防护装置新改扩检测报告总表

报告编号：

受检单位		项目地址	
联系人		联系电话	
油(气)库名称		油(气)罐数量	
防雷类别			
报告有效期	年　月　日至　　年　月　日		
检测仪器名称及校准有效截止日期			
检测依据			
存在问题及整改意见			
检测结论			
编制人		校核人	签发人

(检测单位盖章处)

年　月　日

油(气)库雷电防护装置新改扩检测表

油(气)库名称		检测日期	
检测分项	接地装置	天气情况	

人工接地体									
装置	接地线			水平接地体						
	材型规格	数量	间距(m)	连接方式	材型规格	敷设深度(m)	连接方式	形状	接地电阻(Ω)

垂直接地体						
装置	材型规格	连接方式	敷设深度(m)	长度(m)	间距(m)	接地电阻(Ω)

自然接地体					
装置	基础形式	连接方式	材型规格	敷设深度(m)	接地电阻(Ω)

接地装置间连接情况	
附图及说明(接地装置接地电阻现场检测技术资料表)	
检测结论	

检测人　　　　　　　　　　　校核人　　　　　　　　　　　技术负责人

油(气)库雷电防护装置新改扩检测表(续一)

油(气)库名称					检测日期				
检测分项		引下线			天气情况				
油(气)罐	材质	侧壁壁厚(mm)	接地电阻(Ω)	锈蚀情况	油(气)罐	材质	侧壁壁厚(mm)	接地电阻(Ω)	锈蚀情况

场所	引下线类型	材型规格	敷设方式	组数	平均间距	利用主筋数	连接方式	接地电阻(Ω)	锈蚀情况
装卸栈桥(站台)									
油泵房									
灌油间									
桶装油品库房									
烃泵房									
压缩机房									
装车棚									
变配电间									

检测人　　　　　　　　　校核人　　　　　　　　　技术负责人

油(气)库雷电防护装置新改扩检测表(续二)

检测分项	接闪器									
装置名称	罐体				独立接闪杆(网)					
油(气)罐	材料	罐顶壁厚(mm)	侧壁壁厚(mm)	高度(m)	保护范围	材型规格	间隔距离(m)	网格尺寸	接地电阻(Ω)	锈蚀情况

	接闪带/金属屋面						
装置名称	敷设方式	材型规格	支持卡高度	支持卡间距	连接方式	接地电阻(Ω)	锈蚀情况
装卸栈桥(站台)							
油泵房							
灌油间							
桶装油品库房							
烃泵房							
压缩机房							
装车棚							
变配电间							

检测人　　　　　　　　　　　校核人　　　　　　　　　　　技术负责人

油(气)库雷电防护装置新改扩检测表(续三)

检测分项		等电位连接					
油(气)罐	测试位置	编号	接地/过渡电阻(Ω)	编号	接地/过渡电阻(Ω)	编号	接地/过渡电阻(Ω)
	罐顶围栏						
	罐体扶梯						
	浮顶						
	呼吸阀						
	放散管						
	量油孔						
	安全阀						
	油罐计量仪						
	气罐液位计						
	压力变压器						
	电磁启动箱						
	前液分离器						
	可燃气体报警器						
	消防喷淋管						
管道及阀门法兰盘	管道编号	接地/过渡电阻(Ω)					

检测人   校核人   技术负责人

油(气)库雷电防护装置新改扩检测表(续四)

装卸栈桥 (站台)	位置					
	接地/过渡电阻 (Ω)					
鹤管	位置					
	接地/过渡电阻 (Ω)					
油泵房		油泵		油气排放管		输油管道
	位置					
	接地/过渡电阻 (Ω)					
烃泵房		鹤液相汇管		气相管		输气管道
	位置					
	接地/过渡电阻 (Ω)					
油品装卸码头	位置			油品装卸区 静电夹(桩)	位置	
	接地/过渡电阻 (Ω)				接地/过渡 电阻(Ω)	
装车棚	位置			气体装卸区 静电夹(桩)	位置	
	接地/过渡电阻 (Ω)				接地/过渡 电阻(Ω)	

测试名称	压缩机		气液分离器		缓冲罐	
位置						
接地/过渡电阻(Ω)						
测试名称	气化器		安全阀		放散管	
位置						
接地/过渡电阻(Ω)						
测试名称	消除人体静电装置					
位置						
接地电阻(Ω)						

检测人　　　　　　　　　　校核人　　　　　　　　　　技术负责人

油(气)库雷电防护装置新改扩检测表(续五)

检测分项	雷击电磁脉冲屏蔽			
内容	材型规格	屏蔽措施	屏蔽层接地方式	接地电阻(Ω)
电气线路屏蔽				
电子线路屏蔽				

专用铁路线	绝缘轨缝		
	数量	位置	间距(m)

变配电间	功能接地	材型规格	接地电阻(Ω)
	保护接地	材型规格	接地电阻(Ω)

检测分项	电涌保护器						
安装位置	装置型号	外观检查	I_n检查值(kA)	U_C检查值(V)	U_p检查值(kV)	引线长度(m)	引线规格(mm^2)	接地电阻(Ω)

被测物	接地电阻(Ω)	备注

检测人　　　　　　　　　　校核人　　　　　　　　　　技术负责人

油(气)库雷电防护装置新改扩检测表(续六)

附图及说明(设施平面布置图)	

检测人　　　　　　　　　校核人　　　　　　　　　技术负责人

雷电防护装置新改扩检测表格填写说明

（一）接地装置接地电阻现场检测技术资料填写示例

检测点名称				检测点编号		
所属建(构)筑物名称				雷电防护等级		
接地电阻测试仪主要技术参数							
仪表型号				标校有效期		
最大输出电流				最大输出电压		
测试频率				测试波形		
接地体隐蔽工程技术资料						
图纸	有\无	防雷技术审查	有\无	隐蔽工程照片	有\无	隐蔽工程验收记录	有\无

（接地体结构及尺寸示意图模板）（mm）

接地电阻测试方法平面示意图：（主要包含：检测点E点位置、接地体平面布置、P点电压极位置、C点电流极位置、上述4点之间的方位尺寸及土壤电阻率ρ等）

（接地电阻测试方法平面示意图模板）

接地工频电阻$R\sim$		A（取值）		接地冲击电阻 $R_i = R\sim/A$	

检测员： 校核人： 检测日期： 天气：

注：易燃易爆、危化场所此表必须填写。

（二）建筑物雷电防护装置新改扩检测表填写说明

子名称	检测项目			主要要素	主要参考规范及填写方式
一、总表	防雷类别、报告有效期				《GB 50057—2010 建筑物防雷设计规范》第 3 条 《GB/T 21431—2015 建筑物防雷装置检测技术规范》第 6 条
	存在问题及整改意见				两项二选一填写。检测结论填写根据依据的规范或标准；该建筑物防雷装置符合规范要求或基本符合规范要求；存在问题及整改意见依据规范标准具体填写
	检测结论				
二、接地装置	自然接地体	桩（独立柱）基础		桩利用系数、材型规格、桩（柱）深、桩直径	《GB 50057—2010 建筑物防雷设计规范》第 4.2、4.5.6、5.5.4 条
		地梁		材型规格、连接方式、敷设深度、接地电阻（Ω）	《GB 50601—2010 建筑物防雷工程施工与质量验收规范》第 11.2.1 条
		承台		材型规格、连接方式、敷设深度、接地电阻（Ω）	
		水平接地体		材型规格、连接方式、敷设深度、接地电阻（Ω）	
		垂直接地体		材型规格、连接方式、敷设深度、接地电阻（Ω）、形状	
	人工接地体				
	独立接地体与基础地网（管道）间距（一类防雷建筑物）			防跨步电压情况	《GB/T 21431—2015 建筑物防雷装置检测技术规范》第 5.4.2 条
	接地装置接地电阻现场检测技术资料表				
三、引下线	引下线	柱筋引下线/钢柱引下线		引下线类型、材型规格、利用主筋组数、敷设方式、引下线连接情况、固定支架平均间距、防接触电势情况、锈蚀情况、防接触电压情况	《GB 50057—2010 建筑物防雷设计规范》第 4.2、4.3、4.4.3、4.5.6、5.3 条 《GB 50601—2010 建筑物防雷工程施工与质量验收规范》第 11.2.2 条 《GB/T 21431—2015 建筑物防雷装置检测技术规范》第 5.3.2 条
		专设引下线		测试点/端接卡设置情况、附着情况、与接地装置连接情况	

续表

子名称	检测项目		主要要素	主要参考规范及填写方式
四、接闪器	接闪杆/接闪线		材型规格,安装高度,安装位置,数量,弧垂高度,连接形式,保护范围,安全间距	《GB 50057—2010 建筑物防雷设计规范》第4.2、4.5、8.5.2条 《GB 50601—2010 建筑物防雷工程施工与质量验收规范》第6.1、11.2.3条 《GB/T 21431—2015 建筑物防雷装置检测技术规范》第5.2.2条
	接闪带		材型规格,敷设方式,安装位置,支持卡高度,支持卡间距,闭合环路测试,转弯角度,阳角保护措施	
	接闪网格		材型规格,敷设方式,网格尺寸,网格焊接,搭接方式	
	接闪金属屋面		材型规格,搭接方式	
			与引下线连接,锈蚀情况,电气预留接地,附着情况,其他	
五、雷击电磁脉冲屏蔽	空间屏蔽			《GB 50057—2010 建筑物防雷设计规范》第6.3条 《GB 50601—2010 建筑物防雷工程施工与质量验收规范》第8.1、11.2.5条 《GB/T 21431—2015 建筑物防雷装置检测技术规范》第5.6.2条
	电气线路屏蔽		材型规格,屏蔽措施,屏蔽层接地方式及接地电阻(Ω)	
	电子线路屏蔽			
	其他			
六、防雷电侧击	防雷电侧击	水平接闪带设置情况	情况描述,接地/过渡电阻(Ω)	《GB 50057—2010 建筑物防雷设计规范》第4.2.4、4.3.9、4.4.8条
		自屋顶向下超过60米部分防护措施		
		外墙大尺寸金属物接地预留端子设置		
		其他		

续表

子名称	检测项目		主要要素	主要参考规范及填写方式
	总等电位接地端子		材型规格、数量及位置,接地电阻(Ω)	
	天面冷却塔			
	广告牌			
	水箱			
	爬梯			
	燃气管道接地		情况描述,接地电阻(Ω)	
	消防管道接地			
	电气系统		(低压配电重复接地材型规格及接地电阻、低压配电保护接地材型规格及接地电阻、水平接地干线材型规格及敷设情况、竖直接地干线材型规格及敷设情况、回路配电箱/柜接地电阻,配电系统接地型式、电气线路防闪电电涌侵入情况措施、其他情况)的情况描述	《GB 50057—2010 建筑物防雷设计规范》第4.5.4.6.3条 《GB 50601—2010 建筑物防雷工程施工与质量验收规范》第7.1、9.1、11.2.4、11.2.6条 《GB/T 21431—2015 建筑物防雷装置检测技术规范》第5.7.2条
七、等电位连接	等电位连接	消防控制室设备	SPD保护级数、接地拓扑类型、接地方式、接地电阻(Ω)	
		安防监控室设备		
		信息机房接地		
		电子线路防闪电电涌侵入措施		
	均压环		设置楼层、材型规格、与引下线连接方式、环路闭合情况、接地电阻(Ω)	
	电梯井道等电位连接		情况描述,接地电阻(Ω)	
	电梯接地干线接地			
	电梯预留接地端子		预埋件材型规格、接地干线材型规格、过渡电阻(Ω)、等电位端子板材型规格	
	房间等局部等电位			
	消除人体静电装置		材型规格、接地电阻(Ω)	

第四章 完善防雷安全服务

续表

子名称	检测项目	主要要素	主要参考规范及填写方式
八、电涌保护器（SPD）	电涌保护器	安装位置，装置型号，外观检查，I_n检查值（kA），U_C检查值（V），U_P检查值（kV），引线长度（m），引线规格（mm²），接地电阻（Ω）	《GB 50057—2010 建筑物防雷设计规范》第6.4条；《GB 50601—2010 建筑物防雷工程施工与质量验收规范》第10.1、11.2.7条；《GB/T 21431—2015 建筑物防雷装置检测技术规范》第5.8.4条 I_n检查值(kA)，U_C检查值(V)，U_P检查值(kV)按产品参数填写

（三）数据中心雷电防护装置新改扩检测表填写说明

子名称	检测项目		主要要素	主要参考规范及填写方式
一、总表	防雷类别，报告有效期			《GB 50343—2012 建筑物电子信息系统防雷技术规范》第4.1条；《GB/T 21431—2015 建筑物防雷装置检测技术规范》第6条
	存在问题及整改意见			两项二选一填写。检测结论填写根据依据的规范标准；该数据中心防雷装置符合规范要求或基本符合规范要求；存在问题及整改意见依据规范标准具体填写
	检测结论			
二、接地装置	自然接地体		基础形式，连接方式，材型规格，埋设深度，接地电阻（Ω）	《GB 50057—2010 建筑物防雷设计规范》第4.2、4.5、6.5.4条；《GB 50343—2012 建筑物电子信息系统防雷技术规范》第7.2.1条；《GB 50601—2010 建筑物防雷工程施工与质量验收规范》第5.4.2条；《GB/T 21431—2015 建筑物防雷装置检测技术规范》第5.4.2条
	人工接地体	水平接地体	材型规格，连接方式，敷设深度，接地电阻（Ω），形状	
		垂直接地体	材型规格，连接方式，敷设深度，接地电阻（Ω）	
	防雷接地		接地电阻（Ω）	
	保护性接地			
	功能性接地			
	接地共用型式			

续表

子名称	检测项目		主要要素	主要参考规范及填写方式
三、接闪器	建筑物		接闪型式,材型规格,安装位置,锈蚀情况,保护范围,接地电阻(Ω)	《GB 50057—2010 建筑物防雷设计规范》第4.2.4.5.8.5.2条 《GB 50601—2010 建筑物防雷工程施工与质量验收规范》第6.1、11.2.3条
	天线	接闪器	保护范围,接地电阻(Ω)	《GB/T 21431—2015 建筑物防雷装置检测技术规范》第5.2.2条
		等电位连接	材型规格,连接方式,接地电阻(Ω)	
四、雷击电磁脉冲屏蔽	空间屏蔽		材型规格,屏蔽措施,屏蔽层接地方式及接地电阻(Ω)	《GB 50057—2010 建筑物防雷设计规范》第6.3条 《GB 50343—2012 建筑物电子信息系统防雷技术规范》第7.2.4条 《GB 50174—2017 数据中心设计规范》第9条 《GB 50601—2010 建筑物防雷工程施工与质量验收规范》第5.6.2条 11.2.5条 《GB/T 21431—2015 建筑物防雷装置检测技术规范》第8.1、8.2条
	电气线路屏蔽			
	电子线路屏蔽			
	其他			
	设备与引下线/外墙间距			
五、等电位连接	等电位连接方式		材型规格,位置,接地电阻(Ω)	《GB 50057—2010 建筑物防雷设计规范》第4.5.4.6.3条 《GB 50343—2012 建筑物电子信息系统防雷技术规范》第7.2.3.7.2.6条 《GB 50174—2017 数据中心设计规范》第8.4条 《GB 50601—2010 建筑物防雷工程施工与质量验收规范》第7.1、9.1、11.2.4、11.2.6条 《GB/T 21431—2015 建筑物防雷装置检测技术规范》第5.7.2条
	总等电位接地端子			
	M(SM混合型)等电位连接带			
	桥架			
	光纤加强筋			
	配电柜			
	发电机			
	工作台			
	机柜			
六、电涌保护器(SPD)	电涌保护器		安装位置,装置型号,外观检查,I_n检查值(kA),U_C检查值(V),U_p检查值(kV),引线长度(m),引线规格(mm²),接地电阻(Ω)	《GB 50057—2010 建筑物防雷设计规范》第6.4条 《GB 50343—2012 建筑物电子信息系统防雷技术规范》第7.2.5条 《GB 50601—2010 建筑物防雷工程施工与质量验收规范》第10.1、11.2.7条 《GB/T 21431—2015 建筑物防雷装置检测技术规范》第5.8.4条 I_n检查值(kA),U_C检查值(V),U_p检查值(kV)按产品参数填写

（四）加油加气站雷电防护装置新改扩检测表填写说明

子名称	检测项目			主要要素	主要参考规范及填写方式
一、总表				防雷类别，报告有效期	《GB 50057—2010 建筑物防雷设计规范》第 3 条 《GB/T 21431—2015 建筑物防雷装置检测技术规范》第 6 条
	存在问题及整改意见				两项二选一填写。检测结论填写根据依据的规范标准，该加油加气站防雷装置符合规范要求或规范要求；存在问题及整改意见依据规范标准具体填写
	检测结论				
二、接地装置	自然接地体	罐区		基础形式，连接方式，材型规格，埋设深度，接地电阻	《GB 50057—2010 建筑物防雷设计规范》第 4.2、4.5.6、5.4 条 《GB 50156—2012 汽车加油加气站设计与施工规范》第 11.2 条 《GB 50601—2010 建筑物防雷工程施工与质量验收规范》第 5.4.2 条
		罩棚			
		站房			
	人工接地体	水平直接地体		材型规格，连接方式，敷设深度，接地电阻（Ω）	
		垂直直接地体		材型规格，连接方式，敷设深度，接地电阻（Ω），形状	
		罐区、罩棚、站房		防跨步电压情况	
				人工接地体与自然接地体连接数量	
	接地装置接地电阻现场检测技术资料表				《GB/T 21431—2015 建筑物防雷装置检测技术规范》第 5.3.2 条
三、引下线	引下线	站房		引下线类型，利用主筋数，引下线组数，材型规格，敷设方式，平均间距，与基础连接，防接触电压情况，固定支架间距，接地电阻（Ω）	《GB 50057—2010 建筑物防雷设计规范》第 4.2、4.3、3.4、4.3、4.5、6 条 《GB 50156—2012 汽车加油加气站设计与施工规范》第 11.2 条 《GB 50601—2010 建筑物防雷工程施工与质量验收规范》第 5.1、11.2.1 条
		站房专设引下线		引下线类型，利用主筋数，引下线组数，材型规格，敷设方式，平均间距，与基础连接，防接触电压情况，固定支架间距，接地电阻（Ω）	
		罩棚		敷设方式，材型规格，搭接方式，支持卡间距，转弯角度，阳角保护，接地电阻（Ω），是否闭合，与引下线连接	
		罩棚专设引下线			
	接闪带	站房			
		罩棚			
	接闪网网格	站房		敷设方式，材型规格，搭接方式，网格尺寸，接地电阻（Ω）	
		罩棚			

续表

子名称	检测项目		主要要素	主要参考规范及填写方式
四、等电位连接	等电位连接	加油机	接地电阻（Ω）	《GB 50057—2010 建筑物防雷设计规范》第4.5.4.6.3条 《GB 50156—2012 汽车加油加气站设计与施工规范》第11.2条 《GB 50601—2010 建筑物防雷工程施工与质量验收规范》第7.1.9.1、11.2.4、11.2.6条 《GB/T 21431—2015 建筑物防雷装置检测技术规范》第5.7.2条
		加油枪		
		加气机（柱）		
		加气枪		
		罐区	油罐		
			法兰盘		
			呼吸阀		
			输油管道		
			量油孔		
		储气区	储气罐（储气瓶组）（储气井）		
			法兰盘		
			放散管		
			输气管道		
		油品装卸区静电夹		
		气体装卸区静电夹		
		人体防静电装置		
		压缩机		
		脱硫塔		
		气液分离罐		
		液相管		
		气相管		
		消防水泵		
		回收罐		
		脱水装置		
		缓冲罐		
		发电机		
		配电箱		
		独立广告牌/柱		

第四章 完善防雷安全服务

续表

子名称	检测项目	主要要素	主要参考规范及填写方式
五、电涌保护器（SPD）	电涌保护器	安装位置，装置型号，外观检查，I_n检查值（kA），U_c检查值（V），U_p检查值（kV），引线长度（m），引线规格（mm²），接地电阻（Ω）	《GB 50057—2010 建筑物防雷设计规范》第6.4条 《GB 50156—2012 汽车加油加气站设计与施工规范》第11.2条 《GB 50601—2010 建筑物防雷工程施工与质量验收规范》第10.1、11.2.7条 《GB/T 21431—2015 建筑物防雷装置检测技术规范》第5.8.4条按产品参数填写
六、雷击电磁脉冲屏蔽	空间屏蔽	材型规格，屏蔽措施，屏蔽层接地方式及接地电阻（Ω）	《GB 50057—2010 建筑物防雷设计规范》第6.3条 《GB 50156—2012 汽车加油加气站设计与施工规范》第11.2条 《GB 50601—2010 建筑物防雷工程施工与质量验收规范》第5.6.2条11.2.5条 《GB/T 21431—2015 建筑物防雷装置检测技术规范》
	电气线路屏蔽		
	电子线路屏蔽		
	其他		

（五）油（气）库雷电防护装置新改护检测表填写说明

子名称	检测项目	主要要素	主要参考规范及填写方式
一、总表	防雷类别，报告有效期		《GB 50057—2010 建筑物防雷设计规范》第3条 《GB/T 21431—2015 建筑物防雷装置检测技术规范》第6条
	存在问题及整改意见		两项二选一填写。检测结论填写根据依据的规范标准，该油（气）库依据规范《GB 50057—2010 建筑物防雷设计规范》第4.2、4.5.6、5.4条 《GB 50074—2014 石油库设计规范》第14.2条 《GB 50601—2010 建筑物防雷工程施工与质量验收规范》11.2.1条 《GB/T 21431—2015 建筑物防雷装置检测技术规范》第5.4.2条
	检测结论		
二、接地装置	人工接地体	接地线	材型规格，数量，间距（m），连接方式
		水平接地体	材型规格，敷设深度（m），连接方式，形状，接地电阻（Ω）
		垂直接地体	材型规格，连接方式，敷设深度（m），长度（m），间距（m），接地电阻（Ω）
	自然接地体		基础形式，连接方式，材型规格，敷设深度（m）接地电阻（Ω）
	接地装置间连接情况		
	接地装置接地电阻现场检测技术资料表		

续表

子名称	检测项目	主要要素	主要参考规范及填写方式
三、引下线	油（气）罐	油（气）罐、材质、侧壁壁厚（mm）、接地电阻（Ω）、锈蚀情况	《GB 50057—2010 建筑物防雷设计规范》第 4.2.4.3.3、4.4.3、4.5.6、5.3 条 《GB 50074—2014 石油库设计规范》第 14.2 条 《GB 50601—2010 建筑物防雷工程施工与质量验收规范》第 5.1、11.2.2 条 《GB/T 21431—2015 建筑物防雷装置检测技术规范》第 5.3.2 条
	装卸栈桥（站台）		
	油泵房		
	灌油间		
	桶装油品库房	引下线类型、材型规格、敷设方式、组数、平均间距、利用主筋数、连接方式、接地电阻（Ω）、锈蚀情况	
	烃泵房		
	压缩机房		
	装车棚		
	变配电间		
四、接闪器	罐体	材料、罐顶壁厚（mm）、侧壁厚（mm）	《GB 50057—2010 建筑物防雷设计规范》第 4.2、4.5.8、5.2 条 《GB 50074—2014 石油库设计规范》第 14.2 条 《GB 50601—2010 建筑物防雷工程施工与质量验收规范》第 6.1、11.2.3 条 《GB/T 21431—2015 建筑物防雷装置检测技术规范》第 5.2.2 条
	独立接闪杆（网）	高度（m）、保护范围、材型规格、间隔距离（m）、网格尺寸、接地电阻（Ω）、锈蚀情况	
	接闪带/金属屋面	敷设方式、材型规格、支持卡高度、支持卡间距、连接方式、接地电阻、锈蚀情况	
五、等电位连接	罐顶围栏	接地电阻（Ω）	GB 50057—2010 建筑物防雷设计规范》第 4.4.5.4.6.3 条 《GB 50074—2014 石油库设计规范》第 14.2.14.3 条 《GB 50601—2010 建筑物防雷工程施工与质量验收规范》第 7.1、9.1、11.2.4、11.2.6 条 《GB/T 21431—2015 建筑物防雷装置检测技术规范》第 5.7.2 条
	罐体扶梯		
	浮顶		
	呼吸阀		
	放散管		
	量油孔		
	安全阀		
	油罐计量仪		
	气罐液位计		

第四章 完善防雷安全服务

续表

子名称		检测项目	主要要素	主要参考规范及填写方式
	油（气）罐	压力变压器	接地电阻（Ω）	《GB 50057—2010 建筑物防雷设计规范》第4.5.4.6.3条 《GB 50074—2014 石油库设计规范》第14.2.14.3条 《GB 50601—2010 建筑物防雷工程施工与质量验收规范》第7.1、9.1、11.2.4、11.2.6条 《GB/T 21431—2015 建筑物防雷装置检测技术规范》第5.7.2条
		电磁启动箱		
		前液分离器		
		可燃气体报警器		
		消防喷淋管		
		管道及阀门法兰盘		
		装卸栈桥（站台）		
五、等电位连接		鹤管	接地/过渡电阻（Ω）	
	油泵房	油泵		
		油气排放管		
		输油管道		
	烃泵房	鹤液相汇管		
		气相管		
		输气管道		
		油品装卸码头		
		油品装卸区静电夹（桩）	接地/过渡电阻（Ω）	
		气体装卸区静电夹（桩）		
		装车棚		
		压缩机		
		气液分离器		
		缓冲罐		
		气化器		
		安全阀		
		放散管		
		消除人体静电装置	接地电阻（Ω）	

续表

子名称	检测项目	主要要素	主要参考规范及填写方式
六、雷击电磁脉冲屏蔽	电气线路屏蔽	材型规格、屏蔽措施、屏蔽层接地方式及接地电阻(Ω)	《GB 50057—2010 建筑物防雷设计规范》第6.3条
	电子线路屏蔽	数量、间距	《GB 50074—2014 石油库设计规范》第14.2条
	专用铁路线	材型规格、接地电阻(Ω)	《GB 50601—2010 建筑物防雷工程施工与质量验收规范》第8.1、11.2.5条
	变配电间	功能性接地	《GB/T 21431—2015 建筑物防雷装置检测技术规范》第6.4条
		保护性接地	《GB 50057—2010 建筑物防雷设计规范》第6.4条《GB 50074—2014 石油库设计规范》第14.2.14.3条
七、电涌保护器(SPD)	电涌保护器	安装位置、装置型号、外观检查、I_n检查值(kA)、U_c检查值(V)、U_p检查值(kV)、引线长度(m)、引线规格(mm²)、接地电阻(Ω)	《GB 50601—2010 建筑物防雷工程施工与质量验收规范》第5.8.4条 I_n检查值(V)、U_p检查值(kV)按产品参数填写《GB/T 21431—2015 建筑物防雷装置检测技术规范》第5.6.2条

(六)户外装置雷电防护装置新改扩检测表填写说明

子名称	检测项目	主要要素	主要参考规范及填写方式
一、总表	存在问题及整改意见	防雷类别、报告有效期	《GB 50057—2010 建筑物防雷设计规范》第3条《GB/T 21431—2015 建筑物防雷装置检测技术规范》第3条
	检测结论		两项二选一填写。检测结论填写根据依据的规范标准,装置符合规范要求或基本符合规范要求;存在问题整改意见依据规范标准具体填写
二、接地装置	自然接地体	基础形式、材型规格、连接方式、形状、敷设深度、接地电阻(Ω)	《GB 50057—2010 建筑物防雷设计规范》第4.2.4、5.6.5.4条
	人工接地体 水平接地体	材型规格、连接方式、敷设深度、接地电阻(Ω)	《GB 50650—2011 石油化装置防雷设计规范》第5条
	人工接地体 垂直接地体	材型规格、连接方式、敷设深度、接地电阻(Ω)	《JGJ46—2005 施工现场临时用电安全技术规范》第5条
		防跨步电压情况	《GB 50601—2010 建筑物防雷工程施工与质量验收规范》第11.2.1条
	人工接地体与自然接地装置连接	与近旁接地体连接情况 接地电阻(Ω)	《GB/T 21431—2015 建筑物防雷装置检测技术规范》第5.4.2条

续表

子名称	检测项目	主要要素	主要参考规范及填写方式
三、引下线	柱筋引下线/金属结构体引下线	引下线类型、材型规格、利用主筋根数、敷设方式、利用主筋连接情况、引下线组数、平均间距、固定支架间距、敷设方式、锈蚀情况、防损情况、附着情况、防接触电势措施、与接地装置连接方式	《GB 50057—2010 建筑物防雷设计规范》第4.2.4.3、4.4.3、4.5.6、5.3条 《GB 50650—2011 石油化工装置防雷设计规范》第5条 《JGJ46—2005 施工现场临时用电安全技术规范》第5条 《GB 50601—2010 建筑物防雷工程施工与质量验收规范》第5.1、11.2.2条 《GB/T 21431—2015 建筑物防雷装置检测技术规范》第5.3.2条
	专设引下线	材型规格、敷设方式、固定支架间距、平均间距、防接触电势情况、锈蚀情况、防损情况、附着情况、防接触电压措施、测试点/端接卡设置情况、与接地装置连接情况	《GB 50057—2010 建筑物防雷设计规范》第4.2.4.3、4.4.3、4.5.6、5.3条 《GB 50650—2011 石油化工装置防雷设计规范》第5条 《JGJ46—2005 施工现场临时用电安全技术规范》第5条 《GB 50601—2010 建筑物防雷工程施工与质量验收规范》第5.1、11.2.2条 《GB/T 21431—2015 建筑物防雷装置检测技术规范》第5.3.2条
四、接闪器	接闪杆、接闪线	材型规格、安装高度、安装位置、数量、弧垂高度、连接形式、保护范围、安全间距	《GB 50057—2010 建筑物防雷设计规范》第4.2.4.8、5.2条 《GB 50650—2011 石油化工装置防雷设计规范》第5条 《JGJ46—2005 施工现场临时用电安全技术规范》第5条 《GB 50601—2010 建筑物防雷工程施工与质量验收规范》第5.2、11.2.3条 《GB/T 21431—2015 建筑物防雷装置检测技术规范》第5.2.2条
	接闪带	材型规格、安装位置、敷设方式、支持卡高度、支持卡间距、闭合环路测试、搭接方式、转弯角度、阳角保护措施	
	接闪网格	网格尺寸、材型规格、敷设方式、搭接方式	
五、雷击电磁脉冲屏蔽	电气线路屏蔽	与引下线连接、锈蚀情况、附着情况、连接情况	《GB 50057—2010 建筑物防雷设计规范》第6.3条 《GB 50650—2011 石油化工装置防雷设计规范》第5条 《JGJ46—2005 施工现场临时用电安全技术规范》第5条 《GB 50601—2010 建筑物防雷工程施工与质量验收规范》第5.2、11.2.5条 《GB/T 21431—2015 建筑物防雷装置检测技术规范》第5.6.2条
	电子线路屏蔽	材型规格、屏蔽方式、屏蔽层接地方式及接地电阻(Ω)	
六、防雷电侧击	水平接闪带设置情况	情况描述、接地/过渡电阻(Ω)	《GB 50057—2010 建筑物防雷设计规范》第4.2.4.3、9、4.4.8条
	自装设顶向下且超过60米部分防护措施		
	外墙大尺寸金属物接地顶端留端子设置		
	其他		

续表

子名称		检测项目	主要要素	主要参考规范及填写方式
七、等电位连接		顶部冷却塔	材型规格、数量及位置、接地/过渡电阻（Ω）	《GB 50057—2010 建筑物防雷设计规范》第4.5.4.6.3条 《GB 50650—2011 石油化工装置防雷设计规范》第5条 《JGJ46—2005 施工现场临时用电安全技术规范》第7.1.9.1、11.2.4、11.2.6条 《GB 50601—2010 建筑物防雷工程施工与质量验收规范》第5.7.2条 《GB/T 21431—2015 建筑物防雷装置检测技术规范》第5条
		航空障碍灯		
		广告牌		
		顶部照明灯		
		顶部现场操作箱		
		风机		
	等电位连接	放散管		
		呼吸阀		
		排风管		
		爬梯		
		栏杆		
		钢架		
		电缆支架		
		进出装置的金属管道		
		输送可燃性介质的金属管道		
		消除人体静电装置		
八、电涌保护器(SPD)	电涌保护器		安装位置、装置型号、外观检查、I_n检查值(kA)、U_c检查值(kV)、U_p检查值(kV)、引线长度(m)、引线规格(mm²)、接地电阻(Ω)	《GB 50057—2010 建筑物防雷设计规范》第6.4条 《GB 50650—2011 石油化工装置防雷设计规范》第5条 《JGJ46—2005 施工现场临时用电安全技术规范》第5条 《GB 50601—2010 建筑物防雷工程施工与质量验收规范》第5.8.4条 I_n检查值(kA)、U_c检查值(V)、U_p检查值(kV)按产品参数填写 《GB/T 21431—2015 建筑物防雷装置检测技术规范》第10.1、11.2.7条

第四章 完善防雷安全服务

（七）移动通信基站雷电防护装置新改护检测表填写说明

子名称		检测项目	主要要素	主要参考规范及填写方式
一、总表		存在问题反整改意见	防雷类别，报告有效期	《GB 50057—2010 建筑物防雷设计规范》第3条 《GB/T 21431—2015 建筑物防雷装置检测技术规范》第6条
		检测结论		两项二选一填写。检测结论填写根据依据的规范标准，防雷装置符合规范要求或基本符合规范要求；存在问题及整改意见依据规范标准具体填写
二、接地装置	自然接地体	铁塔	基础形式，连接方式，材型规格，埋设深度，接地电阻（Ω）	《GB 50057—2010 建筑物防雷设计规范》第4.2.4.6.5.4条
		站房		《GB 50689—2011 通信局（站）防雷与接地工程设计规范》第6条
	人工接地体	水平接地体	材型规格，连接方式，敷设深度，接地电阻（Ω），形状	《GB 50601—2010 建筑物防雷工程施工与质量验收规范》第4.1、11.2.1条
		垂直接地体	材型规格，连接方式，敷设深度，接地电阻（Ω）	《GB/T 21431—2015 建筑物防雷装置检测技术规范》第5.4.2条
三、接闪器	铁塔、拔杆、变压器		接地共用型式，接地电阻（Ω）	《GB 50057—2010 建筑物防雷设计规范》第4.2.4.8.5.2条
	铁塔、拔杆避雷针		接闪型式，材型规格，安装位置，保护范围，锈蚀情况，接地电阻（Ω）	《GB 50689—2011 通信局（站）防雷与接地工程设计规范》第6条
	天线		保护范围（Ω）	《GB 50601—2010 建筑物防雷工程施工与质量验收规范》第5.2.2条
		等电位连接	材型规格，连接方式，接地电阻（Ω）	《GB/T 21431—2015 建筑物防雷装置检测技术规范》第6.3条
四、雷击电磁脉冲屏蔽	空间屏蔽			《GB 50057—2010 建筑物防雷设计规范》第4.2.4.8.5.2条
	电气线路屏蔽		材型规格，屏蔽措施，屏蔽层接地方式及接地电阻（Ω）	《GB 50689—2011 通信局（站）防雷与接地工程设计规范》第6条
	电子线路屏蔽			《GB 50601—2010 建筑物防雷工程施工与质量验收规范》第8.1、11.2.5条
	其他			《GB/T 21431—2015 建筑物防雷装置检测技术规范》第5.6.2条
	设备与引下线/外墙间距			
五、等电位连接	等电位连接方式		（S/M/SM混合型）	
	总等电位接地端子			
	M(SM混合型)等电位连接带			

续表

子名称	检测项目		主要要素	主要参考规范及填写方式
五、等电位连接	等电位连接	桥架	材型规格,接地电阻(Ω)	《GB 50057—2010 建筑物防雷设计规范》第 4.5.4.6.3 条 《GB 50689—2011 通信局(站)防雷工程设计规范》第 6 条 《GB 50601—2010 建筑物防雷工程施工与质量验收规范》第 7.1.9.1、11.2.4、11.2.6 条 《GB/T 21431—2015 建筑物防雷装置检测技术规范》第 5.7.2 条
		光纤加强筋		
		馈线		
		监控设备		
		机柜		
		配电箱		
		航空障碍灯		
六、电涌保护器(SPD)	电涌保护器		安装位置,装置型号,外观检查,I_n 检查值(kA),U_C 检查值(V),U_P 检查值(kV),引线长度(m),引线规格(mm²),接地电阻(Ω)	《GB 50057—2010 建筑物防雷设计规范》第 6.4 条 《GB 50689—2011 通信局(站)防雷工程设计规范》第 6 条 《GB 50601—2010 建筑物防雷工程施工与质量验收规范》第 10.1、11.2.7 条 《GB/T 21431—2015 建筑物防雷装置检测技术规范》第 5.8.4 条 I_n 检查值(kA),U_C 检查值(V),U_P 检查值(kV)按产品参数填写

第四章 完善防雷安全服务

报告编号	

雷电防护装置检测报告
（定　期）

受　检　单　位＿＿＿＿＿＿＿＿＿＿

项　目　名　称＿＿＿＿＿＿＿＿＿＿

检　测　单　位＿＿＿＿＿＿＿＿＿＿

检测单位资质证号＿＿＿＿＿＿＿＿＿＿

安徽省气象局监制

注 意 事 项

1. 投入使用后的雷电防护装置实行定期检测制度。具有爆炸和火灾危险环境的雷电防护装置检测间隔时间为 6 个月，其他雷电防护装置检测间隔时间为 12 个月。
2. 检测报告须有检测员、校核员签字，技术负责人签发，并加盖检测单位公章。
3. 检测报告严禁私自修改。确须修改的，修改处必须加盖检测单位公章。
4. 复印报告未重新加盖公章无效。
5. 遭受雷电灾害的单位或个人，应及时向当地气象主管机构报告。
6. 此报告一式三份，二份交受检单位，一份存检测单位。
7. 定期检测技术档案的保管期限：纸质文档为 2 年，电子文档为 4 年。

雷电防护装置定期检测报告总表

报告编号：（ ）[ ]　　　　　　　　　　　　　　　　　　　　　　　第　页　共　页

委托单位				地址			
联系部门		负责人		电话		邮编	
检测项目列表							
序号	项目名称					备注		
1								
2								
3								
4								
5								
6								
7								
8								
9								
10								

本次检测时间			
年　月　日	至	年　月　日	
下次检测时间			检测机构（公章） 年　　月　　日
年　　月　　日以前			
签发人			

检测机构：××××　　　　　　　　地址：××××　　　　　　　　电话：××××

雷电防护装置定期检测报告综述表

报告编号：（　）[　　]　　　　　　　　　　　　　　　　　　第　页　共　页

委托单位	
编制依据	

检测仪器	名称	测量范围	校准有效截止日期

检测综合结论

检测机构（公章）
年　月　日

编制人		校核人		技术负责人	

定期检测项目平面布置图

报告编号:(　)[　]　　　　　　　　　　　　　　　　　　　　　　第　页　共　页

注:标注此报告所检项目具体位置及周边临近环境状况。

检测人　　　　　　　　　　校核人　　　　　　　　　　技术负责人

大型浮顶油罐雷电防护装置检测表

第 页 共 页

项目名称		联系人	
项目地址		电话	
防雷类别		检测日期		天气情况	
油罐名称		储油性质		规模	

直击雷防护措施					
检测内容		规范标准/要点		检测结果	单项评定
浮顶	形式	金属、非金属			
	材质规格	GB 50057—2010 5.2.7 条			
	连接运行情况	锈蚀、无锈蚀			
	接地电阻	≤10 Ω			
引下线	数量	—			
	材质规格	GB 50057—2010 5.3.1 条			
	连接运行情况	锈蚀、无锈蚀			
	接地电阻	≤10 Ω			
基础接地	形式	共用、独立、混合			
	材质规格	GB 50057—2010 5.4.1 条			
	连接运行情况	锈蚀、无锈蚀			
	接地电阻	≤10 Ω			

罐体和附件的等电位连接					
检测内容		规范标准/要点		检测结果	单项评定
连接物名称	连接导体规格材质	GB 50057—2010 5.1			
	连接质量	跨接、不跨接			
	运行情况	锈蚀、无锈蚀			
	过渡电阻	≤0.03 Ω			
	连接导体规格材质	GB 50057—2010 5.1			
	连接质量	跨接、不跨接			
	运行情况	锈蚀、无锈蚀			
	过渡电阻	≤0.03 Ω			

第四章 完善防雷安全服务

第 页 共 页

罐体和管道的等电位连接			
检测内容	规范标准/要点	检测结果	单项评定
管道名称 连接导体规格材质	GB 50057—2010 5.1		
连接质量	跨接、不跨接		
运行情况	锈蚀、无锈蚀		
过渡电阻	≤0.03 Ω		
连接导体规格材质	GB 50057—2010 5.1		
连接质量	跨接、不跨接		
运行情况	锈蚀、无锈蚀		
过渡电阻	≤0.03 Ω		
电涌保护器			
检测内容	规范标准/要点	检测结果	单项评定
低压配电系统的SPD 型号	—		
安装位置			
数量	—		
运行情况	GB/T 21431—2015 5.8.2.7 条		
I_{imp}/I_n	GB/T 21431—2015 5.8.2 条		
压敏电压 U_{1mA}	GB/T 21431—2015 5.8.5.1 条		
漏电流 I_{ie}	GB/T 21431—2015 5.8.5.2 条		
连接导体的材料和规格	GB 50057—2010 5.1.2 条		
两端引线长度	GB/T 21431—2015 5.8.1 条		
过电流保护	GB/T 21431—2015 5.8.2.6 条		
过渡电阻	<0.2 Ω		
信号系统的SPD 型号	—		
安装位置			
数量			
I_{imp}/I_n	GB/T 21431—2015 5.8.3 条		
连接导体的材料和规格	GB 50057—2010 5.1.2 条		
两端引线长度	GB/T 21431—2015 5.8.1 条		
技术评定			
			检测专用(章) 年 月 日

检测人		校核人		技术负责人	

建筑物雷电防护装置检测表

第 页 共 页

项目名称			地址			天气	
联系人			电话			检测日期	
建筑物	长×宽×高(m)		面积	占地 (m²)	层数	地上 层	主要用途	防雷类别
				建筑 (m²)		地下 层		

	检测内容	规范标准/要点	检测结果	单项评定
接闪器	接闪器类型	杆、带、网、线		
	高度	—		
	材质规格	GB 50057—2010 5.2		
	锈蚀	锈蚀、无锈蚀		
	网格尺寸	GB 50057—2010 5.2.12 条		
	保护范围	GB 50057—2010 附录 D		
	接地电阻	GB/T 21431—2015 5.4.1 条		
屋面设备	金属构件或设备名称	—		
	与接闪器连接材料规格	GB 50057—2010 5.1.2 条		
	锈蚀	锈蚀、无锈蚀		
	过渡电阻	<0.2Ω		
引下线	形式	明敷、暗敷		
	数量	—		
	平均间距	GB 50057—2010 4.2.4 条、4.3.3 条、4.4.3 条		
	材料规格	GB 50057—2010 5.2.1 条		
	工艺质量	—		
	断接卡	GB 50057—2010 5.3.6 条		
	防接触电压	GB 50057—2010 4.5.6 条		
侧击雷防护	防护起始高度	GB 50057—2010 4.2.4 条、4.3.9 条、4.4.8 条		
	金属构件名称	—		
	过渡电阻	<0.2Ω		
接地装置	形式	自然、人工、混合		
	接地方式	共用、独立		
	防跨步电压	GB 50057—2010 4.5.6 条		
	接地电阻	GB/T 21431—2015 5.4.1 条		

第四章 完善防雷安全服务

第 页 共 页

	检测内容	规范标准/要点	检测结果	单项评定
电气线路	敷设形式	架空、沿屋面、沿女儿墙、埋地		
	等电位连接情况	GB 50057—2010 6.3.3、6.3.4 条		
	线缆屏蔽方式	穿金属管、金属线槽、无屏蔽		
	屏蔽层接地	有、无		
	接地电阻	GB/T 21431—2015 5.4.1 条		
信号线路	敷设形式	架空、沿屋面、沿女儿墙、埋地		
	等电位连接情况	GB 50057—2010 6.3.3、6.3.4 条		
	线缆屏蔽方式	穿金属管、金属线槽、无屏蔽		
	屏蔽层接地	有、无		
	接地电阻	GB/T 21431—2015 5.4.1 条		
等电位连接	设备名称	—		
	等电位连接导体材料	GB 50057—2010 5.1.2 条		
	等电位连接导体规格	GB 50057—2010 5.1.2 条		
	连接质量	—		
	过渡电阻	<0.2 Ω		
低压配电系统的SPD	型号	—		
	安装位置			
	数量	—		
	运行情况	GB/T 21431—2015 5.8.2.7 条		
	I_{imp}/I_n	GB/T 21431—2015 5.8.2 条		
	压敏电压 U_{1mA}	GB/T 21431—2015 5.8.5.1 条		
	漏电流 I_{ie}	GB/T 21431—2015 5.8.5.2 条		
	连接导体的材料和规格	GB 50057—2010 5.1.2 条		
	两端引线长度	GB/T 21431—2015 5.8.1 条		
	过电流保护	GB/T 21431—2015 5.8.2.6 条		
	过渡电阻	<0.2 Ω		
信号系统的SPD	型号	—		
	安装位置			
	数量	—		
	I_{imp}/I_n	GB/T 21431—2015 5.8.3 条		
	连接导体的材料和规格	GB 50057—2010 5.1.2 条		
	两端引线长度	GB/T 21431—2015 5.8.1 条		
技术评定				

检测专用(章)
年 月 日

检测人		校核人		技术负责人	

输气管道雷电防护装置检测表

第 页 共 页

项目名称			联系人	
项目地址			电话	
防雷类别		检测日期	天气情况	

输气站和阀室				
建筑物名称		长×宽×高	建筑面积	

	检测内容	规范标准/要点	检测结果	单项评定
接闪器	类型	杆、带、网、线		
	高度	—		
	材质规格	GB 50057—2010 5.2		
	锈蚀	锈蚀、无锈蚀		
	保护范围	GB 50057—2010 附录 D		
	接地电阻	GB/T 21431—2015 5.4.1 条		
引下线	形式	明敷、暗敷		
	数量	—		
	平均间距	GB 50057—2010 4.2.4 条、4.3.3 条、4.4.3 条		
	材质规格	GB 50057—2010 5.3.1 条		
	断接卡	GB 50057—2010 5.3.6 条		
	防接触电压	GB 50057—2010 4.5.6 条		
接地装置	形式	自然、人工、混合		
	接地方式	共用、独立		
	防跨步电压	GB 50057—2010 4.5.6 条		
	接地电阻	GB/T 21431—2015 5.4.1 条		

防雷电波侵入措施				
	检测内容	规范标准/要点	检测结果	单项评定
连接物名称地	连接导体规格材质	GB 50057—2010 5.1		
	连接质量	跨接、不跨接		
	运行情况	锈蚀、无锈蚀、严重锈蚀		
	过渡电阻	<0.2Ω		
	连接导体规格材质	GB 50057—2010 5.1		
	连接质量	跨接、不跨接		
	运行情况	锈蚀、无锈蚀、严重锈蚀		
	过渡电阻	<0.2Ω		

检测内容		规范标准/要点	检测结果	单项评定
低压配电线路	敷设形式	架空、沿屋面、沿女儿墙、埋地		
	等电位连接情况	GB 50057—2010 6.3.3、6.3.4条		
	线缆屏蔽方式	穿金属管、金属线槽、无屏蔽		
	屏蔽层接地	有、无		
	接地电阻	GB/T 21431—2015 5.4.1条		
信号线路	敷设形式	架空、沿屋面、沿女儿墙、埋地		
	等电位连接情况	GB 50057—2010 6.3.3、6.3.4条		
	线缆屏蔽方式	穿金属管、金属线槽、无屏蔽		
	屏蔽层接地	有、无		
	接地电阻	GB/T 21431—2015 5.4.1条		
电涌保护器				
检测内容		规范标准/要点	检测结果	单项评定
低压配电系统的SPD	型号	—		
	安装位置	—		
	数量	—		
	运行情况	GB/T 21431—2015 5.8.2.7条		
	I_{imp}/I_n	GB/T 21431—2015 5.8.2条		
	压敏电压U_{1mA}	GB/T 21431—2015 5.8.5.1条		
	漏电流I_{ie}	GB/T 21431—2015 5.8.5.2条		
	连接导体的材料和规格	GB 50057—2010 5.1.2条		
	两端引线长度	GB/T 21431—2015 5.8.1条		
	过电流保护	GB/T 21431—2015 5.8.2.6条		
	过渡电阻	<0.2Ω		
信号系统的SPD	型号	—		
	安装位置	—		
	数量	—		
	I_{imp}/I_n	GB/T 21431—2015 5.8.3条		
	连接导体的材料和规格	GB 50057—2010 5.1.2条		
	两端引线长度	GB/T 21431—2015 5.8.1条		
工艺装置区				
检测内容		规范标准/要点	检测结果	单项评定
接地线	形式	直流接地、交流接地、静电接地、保护接地		
	材质规格	GB 50057—2010 5.4.1条		

检测内容		规范标准/要点	检测结果	单项评定
工艺区设备名称	接地电阻	GB/T 21431—2015 5.4.1条		
	接地电阻	GB/T 21431—2015 5.4.1条		
	接地电阻	GB/T 21431—2015 5.4.1条		
	接地电阻	GB/T 21431—2015 5.4.1条		
	接地电阻	GB/T 21431—2015 5.4.1条		
	接地电阻	GB/T 21431—2015 5.4.1条		
	接地电阻	GB/T 21431—2015 5.4.1条		
	接地电阻	GB/T 21431—2015 5.4.1条		
	接地电阻	GB/T 21431—2015 5.4.1条		
	接地电阻	GB/T 21431—2015 5.4.1条		

工艺装置区电涌保护器				
检测内容		规范标准/要点	检测结果	单项评定
低压配电系统的SPD	型号	—		
	安装位置	—		
	数量	—		
	运行情况	GB/T 21431—2015 5.8.2.7条		
	I_{imp}/I_n	GB/T 21431—2015 5.8.2条		
	压敏电压U_{1mA}	GB/T 21431—2015 5.8.5.1条		
	漏电流I_{ie}	GB/T 21431—2015 5.8.5.2条		
	连接导体材料和规格	GB 50057—2010 5.1.2条		
	两端引线长度	GB/T 21431—2015 5.8.1条		
	过电流保护	GB/T 21431—2015 5.8.2.6条		
	过渡电阻	<0.2 Ω		
信号系统的SPD	型号	—		
	安装位置	—		
	数量	—		
	I_{imp}/I_n	GB/T 21431—2015 5.8.3条		
	连接导体材料和规格	GB 50057—2010 5.1.2条		
	两端引线长度	GB/T 21431—2015 5.8.1条		

技术评定

检测专用(章)
年 月 日

检测人		校核人		技术负责人	

数据中心雷电防护装置检测表

第 页 共 页

项目名称			
项目地址			
联系人		联系电话	
检测日期		天气	

基本信息		
	检测项目	基本状况
1	建筑物总层数/长宽高/防雷类别	
2	建筑物结构/数据中心楼层/面积	
3	数据中心名称/雷电防护等级	
4	数据中心温度/湿度	
5	设备距外墙、柱、窗距离(m)	

直击雷和侧击雷防护措施				
	检测项目	规范标准/要点	检测结果	单项评定
1	建筑物接闪器形式、性能	杆、带、网、线		
2	室外天线防直击雷保护性能	天线在$LPZ0_B$防护区内、基座就近接地		
3	室外天线基座等连接情况及规格			
4	均压环和引下线的位置、数量	GB 50057—2010 第5章		
5	防雷接地方式、电阻值	≤10 Ω		
6	机房金属幕墙、外窗接地性能	GB 50057—2010 第5章		

机房等电位连接、线路敷设及屏蔽措施				
	检测项目	规范标准/要点	检测结果	单项评定
1	等电位连接类型、材料	S型、M型/铜排、扁钢		
2	总等电位连接带规格及连接情况	≥50 mm^2		
3	设备局部等电位连接线规格及连接情况	≥16 mm^2(钢)、≥6 mm^2(铜)		
4	环形导体、支架格栅等接地	共用接地系统取最小值		
5	金属管道、线槽、桥架等	防雷区界面处接地		
6	配电柜、箱、盘	接地		
7	电源线路敷设及屏蔽情况	埋地、护套、屏蔽、接地 强、弱电线路分开敷设		
8	信号线路(天馈、控制等)敷设及屏蔽情况			
9	机房屏蔽情况	门、窗、地板等屏蔽情况		
10	非金属外壳设备屏蔽	金属屏蔽网/室、等电位连接并接地		
11	光缆金属构件(接头、加强芯等)	共用接地系统取最小值		
12	数据中心电磁兼容性能测试	视数据中心具体要求		

备注:

电源接地型式及机房防静电性能					
	检测项目		规范标准/要点	检测结果	单项评定
1	引入形式		不宜采用架空线路		
2	电源接地型式		TN 供电时采用 TN－S		
3	表面静电电位		≤1 kV		
4	静电地板网格支架接地电阻值		共用接地系统取最小值		
电涌保护器					
	检测内容		规范标准/要点	检测结果	单项评定
低压配电系统的SPD		型号	—		
		安装位置	—		
		数量	—		
		运行情况	GB/T 21431—2015 5.8.2.7 条		
		I_{imp}/I_n	GB/T 21431—2015 5.8.2 条		
		压敏电压 U_{1mA}	GB/T 21431—2015 5.8.5.1 条		
		漏电流 I_{ie}	GB/T 21431—2015 5.8.5.2 条		
		连接导体的材料和规格	GB 50057—2010 5.1.2 条		
		两端引线长度	GB/T 21431—2015 5.8.1 条		
		过电流保护	GB/T 21431—2015 5.8.2.6 条		
		过渡电阻	<0.2Ω		
信号系统的SPD		型号	—		
		数量	—		
		安装质量	—		
		I_{imp}/I_n	GB/T 21431—2015 5.8.3 条		
		连接导体的材料和规格	GB 50057—2010 5.1.2 条		
		两端引线长度	GB/T 21431—2015 5.8.1 条		
技术评定					

检测专用(章)

年 月 日

检测人		校核人		技术负责人	

通信局站(基站)库雷电防护装置检测表

第 页 共 页

项目名称			联系人	
项目地址			电话	
防雷类别		检测日期	天气情况	

直击雷防护措施					
检测内容			规范标准/要点	检测结果	单项评定
铁塔	铁塔高度		—		
	铁塔塔身规格		—		
	铁塔塔身连接方式		—		
	铁塔离机房距离		—		
	接闪杆材质规格		GB 50057—2010 5.2.1条		
	接闪杆长度		—		
接地装置	接地线数量		—		
	接地线规格		GB 50057—2010 5.4.1条		
	接地装置类型		独立、共用		
	测试点接地电阻		GB/T 21431—2015 5.4.1条		

防雷电波侵入措施			
检测内容	规范标准/要点	检测结果	单项评定
配电变压器接地电阻	GB/T 21431—2015 5.4.1条		
电源接地形式	—		
电源线路SPD安装级数			
信号线路SPD安装级数			
天馈线SPD安装级数			
光缆防雷接地电阻	GB/T 21431—2015 5.4.1条		
入户电缆屏蔽层接地电阻	GB/T 21431—2015 5.4.1条		
入户处电缆桥架接地电阻	GB/T 21431—2015 5.4.1条		
接地引入线规格	GB/T 33676—2017 6.4.1条		
接地引入线接地电阻	GB/T 21431—2015 5.4.1条		
垂直接地汇集线规格	GB 50057—2010 5.4.1条		
垂直接地汇集线接地电阻	GB/T 21431—2015 5.4.1条		
天馈线屏蔽层接地位置	—		
天馈线屏蔽层接地电阻	GB/T 21431—2015 5.4.1条		

等电位连接装置			
等电位连接方式		土壤电阻率(Ω·m)	

	检测内容	规范标准/要点	检测结果	单项评定
等电位连接装置	静电地板支架接地线规格	GB/T 33676—2017 6.4.1条		
	静电地板支架接地电阻	GB/T 21431—2015 5.4.1条		
	接地排接地线规格	GB/T 33676—2017 6.4.1条		
	接地排接地电阻	GB/T 21431—2015 5.4.1条		
	配电柜接地线规格	GB/T 33676—2017 6.4.1条		
	配电柜接地电阻	GB/T 21431—2015 5.4.1条		
	UPS柜接地线规格	GB/T 33676—2017 6.4.1条		
	UPS接地电阻	GB/T 21431—2015 5.4.1条		
	设备柜接地线规格	GB/T 33676—2017 6.4.1条		
	设备柜接地电阻	GB/T 21431—2015 5.4.1条		
电涌保护器				

	检测内容	规范标准/要点	检测结果	单项评定
低压配电系统的SPD	型号	—		
	安装位置	—		
	数量	—		
	运行情况	GB/T 21431—2015 5.8.2.7条		
	I_{imp}/I_n	GB/T 21431—2015 5.8.2条		
	压敏电压 U_{1mA}	GB/T 21431—2015 5.8.5.1条		
	漏电流 I_{ie}	GB/T 21431—2015 5.8.5.2条		
	连接导体材料和规格	GB 50057—2010 5.1.2条		
	两端引线长度	GB/T 21431—2015 5.8.1条		
	过电流保护	GB/T 21431—2015 5.8.2.6条		
	过渡电阻	<0.2Ω		
信号系统的SPD	型号	—		
	安装位置	—		
	数量	—		
	I_{imp}/I_n	GB/T 21431—2015 5.8.3条		
	连接导体材料和规格	GB 50057—2010 5.1.2条		
	两端引线长度	GB/T 21431—2015 5.8.1条		

技术评定

检测专用(章)
年 月 日

检测员		校核人		技术负责人	

油(气)库雷电防护装置检测表

第　页共　页

项目名称				联系人	
项目地址				电话	
防雷类别			检测日期	天气情况	
建筑物名称			长×宽×高	建筑面积	

	检测内容	规范标准/要点	检测结果	单项评定
接闪器	接闪器类型	杆、带、网、线		
	高度	—		
	材质规格	GB 50057—2010 5.2		
	锈蚀	锈蚀、无锈蚀		
	网格尺寸	GB 50057—2010 5.2.12 条		
	保护范围	GB 50057—2010 附录 D		
	接地电阻	GB/T 21431—2015 5.4.1 条		
引下线	形式	明敷、暗敷		
	数量	—		
	平均间距	GB 50057—2010 4.2.4 条、4.3.3 条、4.4.3 条		
	材料规格	GB 50057—2010 5.3.1 条		
	工艺质量	—		
	断接卡	GB 50057—2010 5.3.6 条		
	防接触电压	GB 50057—2010 4.5.6 条		
接地装置	形式	自然、人工、混合		
	接地方式	共用、独立		
	防跨步电压	GB 50057—2010 4.5.6 条		
	接地电阻	GB/T 21431—2015 5.4.1 条		
低压配电线路	敷设形式	架空、沿屋面、沿女儿墙、埋地		
	等电位连接情况	GB 50057—2010 6.3.3、6.3.4 条		
	线缆屏蔽方式	穿金属管、金属线槽、无屏蔽		
	屏蔽层接地	有、无		
	接地电阻	GB/T 21431—2015 5.4.1 条		
信号线路	敷设形式	架空、沿屋面、沿女儿墙、埋地		
	等电位连接情况	GB 50057—2010 6.3.3、6.3.4 条		
	线缆屏蔽方式	穿金属管、金属线槽、无屏蔽		
	屏蔽层接地	有、无		
	接地电阻	GB/T 21431—2015 5.4.1 条		

		电涌保护器		
	检测内容	规范标准/要点	检测结果	单项评定
低压配电系统的SPD	型号	—		
	安装位置	—		
	数量	—		
	运行情况	GB/T 21431—2015 5.8.2.7条		
	I_{imp}/I_n	GB/T 21431—2015 5.8.2条		
	压敏电压U_{1mA}	GB/T 21431—2015 5.8.5.1条		
	漏电流I_{ie}	GB/T 21431—2015 5.8.5.2条		
	连接导体的材料和规格	GB 50057—2010 5.1.2条		
	两端引线长度	GB/T 21431—2015 5.8.1条		
	过电流保护	GB/T 21431—2015 5.8.2.6条		
	过渡电阻	<0.2Ω		
信号系统的SPD	型号	—		
	安装位置	—		
	数量	—		
	I_{imp}/I_n	GB/T 21431—2015 5.8.3条		
	连接导体的材料和规格	GB 50057—2010 5.1.2条		
	两端引线长度	GB/T 21431—2015 5.8.1条		

罐名称		性质		规模	
	检测内容	规范标准/要点		检测结果	单项评定
顶板	类型	金属、非金属			
	材质规格	GB 50057—2010 5.2.7条			
	接地电阻值	≤10 Ω			
	运行情况	锈蚀、无锈蚀			
	连接线类型	GB 50057—2010 5.1			
	连接线材质规格	GB 50057—2010 5.1			
接地装置	接地线数量、材质规格	GB 50057—2010 5.4.1条			
	接地线间隔	≤30m			
	接地装置类型	人工、自然、混合			
	接地电阻值	≤10 Ω			

		装卸台		
	检测内容	规范标准/要点	检测结果	单项评定
	栈桥类型	铁路、汽车、码头		
	栈桥接地电阻值	GB/T 21431—2015 5.4.1条		
	铁轨类型	高压进入、高压不进入		
	铁轨接地电阻值	GB/T 21431—2015 5.4.1条		
	鹤管接地电阻值	GB/T 21431—2015 5.4.1条		

装卸台			
检测内容	规范标准/要点	检测结果	单项评定
信息电缆敷设情况	屏蔽、不屏蔽		
信息电缆接地电阻值	GB/T 21431—2015 5.4.1条		
防静电装置			
检测内容	规范标准/要点	检测结果	单项评定
输油管道接地类型	共用、未共用		
输油管道接地电阻值	GB/T 21431—2015 5.4.1条		
输油管道接地点数	—		
罐装设施类型	油罐车、油桶		
罐装设施跨接情况	跨接、未跨接		
人体消除静电装置位置	—		
人体消除静电装置接地电阻值	GB/T 21431—2015 5.4.1条		
技术评定			

检测专用(章)

年 月 日

检测人		校核人		技术负责人	

油(气)站雷电防护装置检测表

第 页 共 页

项目名称					联系人	
地址					电话	
检测时间					天气情况	
油(气)站	罩棚	长×宽×高		站房	长×宽×高	
		建筑面积			建筑面积	
		防雷等级			防雷类别	

建筑物、油罐及相关设施	规范标准/要点	类型规格	检测位置	检测结果	单项评定
罩棚	GB/T 21431—2015 5.4.1条				
站房					
油(气)罐体					
供电电缆金属护套					
信息线路金属护套					
通风管					
卸油(车)管口					
加油机					
加油枪					

第四章 完善防雷安全服务

第 页 共 页

加油枪					
供配电系统检测项目		规范标准/要点	检测结果		单项评定
引入方式		采用电缆并直埋敷设			
接地型式		采用TN-S系统			
电涌保护器					
检测内容		规范标准/要点	检测结果		单项评定
低压配电系统的SPD	型号	—			
	安装位置	—			
	数量	—			
	运行情况	GB/T 21431—2015 5.8.2.7条			
	I_{imp}/I_n	GB/T 21431—2015 5.8.2条			
	压敏电压U_{1mA}	GB/T 21431—2015 5.8.5.1条			
	漏电流I_{ie}	GB/T 21431—2015 5.8.5.2条			
	连接导体的材料和规格	GB 50057—2010 5.1.2条			
	两端引线长度	GB/T 21431—2015 5.8.1条			
	过电流保护	GB/T 21431—2015 5.8.2.6条			
	过渡电阻	<0.2Ω			
信号系统的SPD	型号	—			
	安装位置	—			
	数量	—			
	I_{imp}/I_n	GB/T 21431—2015 5.8.3条			
	连接导体的材料和规格	GB 50057—2010 5.1.2条			
	两端引线长度	GB/T 21431—2015 5.8.1条			
技术评定					

检测专用(章)
年 月 日

检测人		校核人		技术负责人